铁葫芦

無印良品・イケア・Seriaでかなえるスッキリ
収納インテリア：5分で片づく！キレイが続く！

从零开始
学收纳

（进阶篇）

日本株式会社主妇与
生活社 编
谢 玥 译

北京联合出版公司
Beijing United Publishing Co.,Ltd

CONTENTS
目录

Heute ist die beste Zeit
- 1eins 2 zwei 3 drei -
2011
Danke schön

COLUMN 专栏

5th A MHYK 96 WE HAVE FUN
CENTRAL PARK
BROADWAY
LENOX

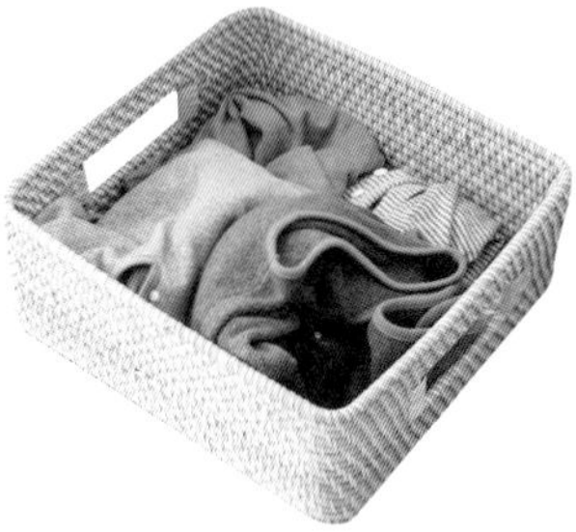

INTRODUCTORY SONG

用无印良品、宜家、Seria 就可以变得如此整洁

超高人气传统收纳容器的活用方法

无印良品

根据物品和用途的不同，有各种相应的使用方法，这也是传统收纳容器的魅力。
结合全家都能轻松掌握的收纳窍门，我们来介绍这些容器的使用方法。

上衣 20 件

轻薄的上衣用小尺寸的收纳盒。横着摆 2 排，立起来排列，拉开抽屉一目了然，便于寻找，此外也可以根据颜色排列。

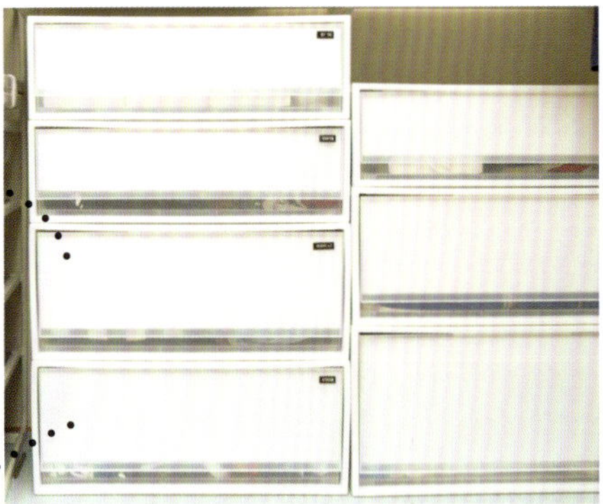

下装 12 件

下装叠 3 折，使用大尺寸的收纳盒，纵向摆放两列。衣物间留出 1 根手指的空隙，取出衣物的时候不容易乱。

横宽式的收纳盒便于收纳叠好的衣物

推荐用作收纳衣物，横宽式的收纳盒适合并排放两件叠好的衬衣。前面插上白色的硬纸，看起来更整洁。在外面贴上标签，让家人一目了然。

横宽式聚丙烯收纳盒：小 /1500 日元、大 /1800 日元、深款 /2200 日元

STANDARD ITEMS 01

聚丙烯盒

款式简洁的可叠放抽屉式收纳盒，尺寸适用于衣橱、壁橱等收纳家具。/ 无印良品

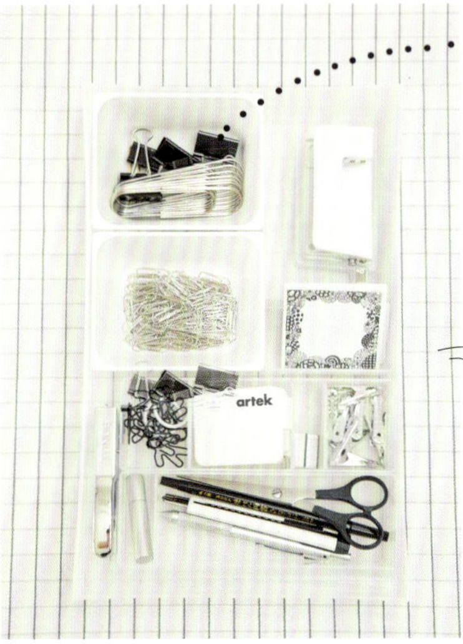

装进宜家的 VARIERA 盒子里

薄型收纳盒最适合分类收纳文具。与宜家的 VARIERA 迷你盒组合使用，盒子四角是弧形，方便拿曲别针等物品。

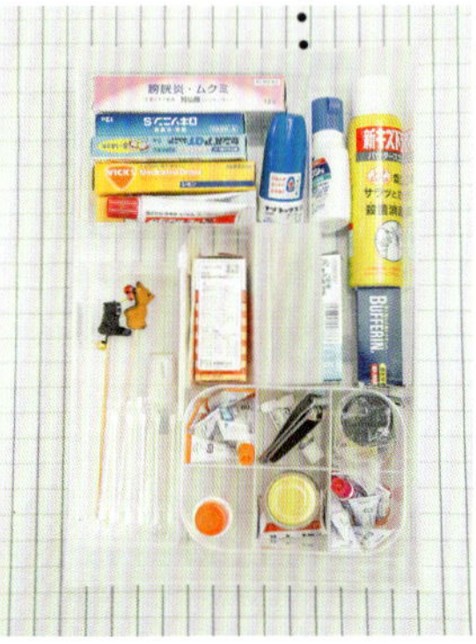

生活用品根据用途分装在材质较薄的盒子里

零散的生活用品根据用途不同分别收纳。根据放进去的物品的尺寸，考虑适合的分类方法。

聚丙烯抽屉式盒子：薄型 /800 日元、浅型 /900 日元

药箱要选择可以放得下盒装药的浅型收纳盒。哪种药有多少，一目了然，需要补充的时候不会忘记，也可避免重复购买。

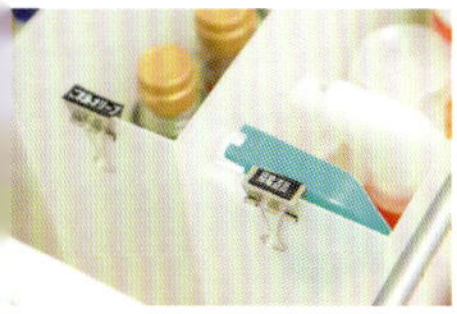

可装 3 瓶 1L 的瓶子

在夹子上贴好标签，写明里面所装的物品的名称，别上即可。从上方看，也马上可以知道盒子里的内容，很方便。

带包装的意大利面与文件盒高度相同

用作分类收纳调味品、食材，可以灵活运用于厨房的抽屉分类收纳。意大利面等食物从包装里取出后，不能马上搞清楚种类、所需水煮时长的话会很麻烦。用文件盒将食品带着包装袋进行收纳，取用方便，烹饪也可以顺利进行。

聚丙烯文件盒：立式、A4 用 /700 日元

STANDARD ITEMS 02

聚丙烯文件盒

材质结实，可以装 A4 尺寸的文件。款式简洁，节省空间，没有多余的缝隙，提高了收纳效率。

/ 无印良品

亚麻材质特别适合自然风格的家装。可以收纳遥控器或者各种零碎小物品。

叠放式长方形亚麻篮筐 /750 日元

几个一起使用，收纳在开放式架子中。长方形篮筐的尺寸与 CD、DVD 正合适。与家具的颜色、款式相结合，给人以清爽干净的印象。

叠放式藤条长方形篮筐：中号 /2900 日元

篮筐与宜家的 VARIERA 盒子严丝合缝！担心衣物被藤条挂住的话，推荐使用这种方法。

STANDARD ITEMS 03

藤条和亚麻材质的篮筐

这种篮筐直接放在房间里，显得时尚、自然。有长方形和正方形两款，特点是可以叠放使用。

/ 无印良品

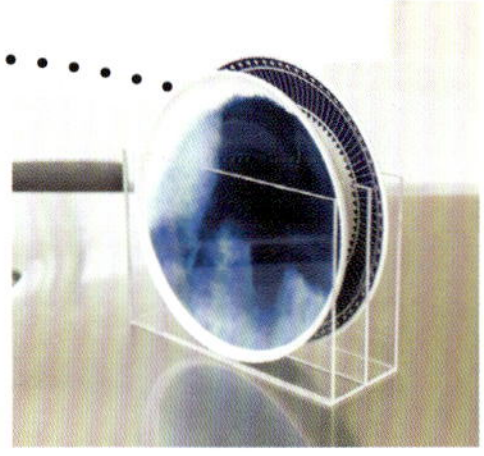

细长的化妆工具立着放，便于取用

眼部化妆用具和刷子等，根据种类分别插在不同的笔筒里。在忙碌的早晨，可以迅速取出使用。

收纳架可以插放大盘子

如果抽屉里要收纳盘子，立起来插在里面比较方便。隔板可以起到固定作用，盘子不会倒下。

STANDARD ITEMS 04

亚克力收纳系列

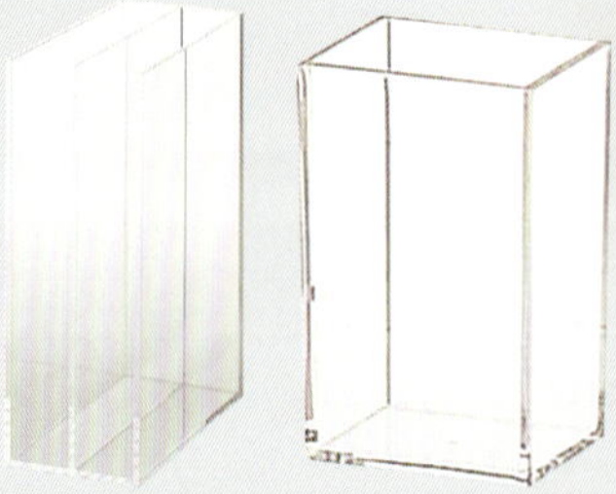

亚克力的小物品收纳盒材质结实，不容易损坏。盒身透明，从外面就可以看到里面的物品，便于整理，种类也很丰富。/ 无印良品

用无印良品的化妆盒分类

收纳玩具、绘本，放在起居室

还适用于收纳绘本或比较占地方的玩具。着急整理的时候掀开盖子往里面一扔就好，还可以叠放使用。

树脂棉麻混合软盒

长方形：中号、有盖 /1500 日元

STANDARD ITEMS 05

聚酯棉麻混合软盒

内侧有树脂涂层的布质软盒。有提手，也可以配合家具当作抽屉使用。/ 无印良品

因为不容易被弄脏，所以适用于近水的地方

浅型的适合装卷发器。内侧涂层可以用水擦，这点很令人欣喜。

不用的时候就折叠起来，不占地方

可以放 3~4 瓶洗涤剂

像咖啡店一样时尚

集中收纳招待客人用的玻璃杯

收纳经常使用的玻璃杯与杯垫，放在厨房附近。家庭聚会时，可以整个放在托盘上直接端到桌上。

（37cm×26cm×8cm）/2000 日元

不易生锈，适用于近水的地方

集中收纳洗涤剂、柔顺剂，放在洗衣机旁边，可以有效简化取放时的动作。

（26cm×18cm×18cm）/1700 日元

编织物放在沙发下面

由于透气性好，还可以用来收纳毛毯、靠垫套等比较占地方的布制品。浅型的可以放在沙发下面，这样显得干净利索。

（51cm×37cm×18cm）/3900 日元

STANDARD ITEMS 06 钢丝篮

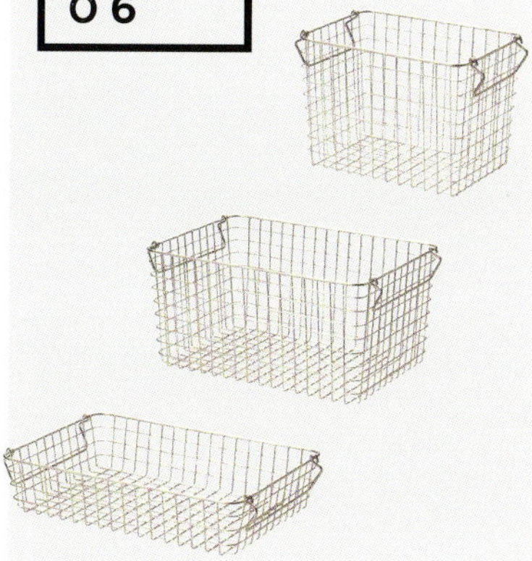

这款不锈钢的篮子，将提手扣在内侧，还可以叠放使用。款式简洁，有 7 个尺寸。/ 无印良品

按照孩子的身高设定位置

设在低一些的位置，孩子就可以自己把校服挂在上面。不用的时候挂钩可以收起来，所以安装在门后也不碍事。

挂钩：胡桃木 ×3 个 /4500 日元

STANDARD ITEMS 07 可以装在墙壁上的家具

橡木和胡桃木，作为不易对墙面造成损伤的自然材质，登上墙壁收纳系列的舞台。可以选择与室内装修风格和家具更搭配的款式。/ 无印良品

总共可以收纳 15 瓶

像橱窗一样并排摆放指甲油

每层都有挡板，小瓶子并排摆放起来，取用方便。精油、定型油也可以一起摆放。

STANDARD ITEMS 08 亚克力瓶子收纳架

高人气的亚克力收纳系列中的新商品，尺寸小巧，适合收纳小瓶子、杂物等。/ 无印良品

钥匙、ID 卡放在指定位置

在玄关处设置必要的数量。推荐用于收纳钥匙、卡包等进家门就容易随手放置的物件。

1 层可以放 10 个

可以看到全部的花色，便于取用

不知道什么时候数量就增多的花色胶带，并排摆放起来，花色都可以看到，很方便。最上层收纳正在使用的胶带。

亚克力收纳架 3 层 /1500 日元

经常使用的器皿和调味品一起收纳

上

下

每天早晚要使用很多次的玻璃杯，放在餐柜外面。2 个叠放的话可以收纳 10 个。下面放置经常使用的调味品，使用时可以迅速取出。

A4 带腿托盘 /1500 日元，总承重量 4.5kg

STANDARD ITEMS 09

ABS 树脂桌面收纳

可以有效灵活运用的桌上收纳系列。可以根据收纳物品的不同改变零件的组装方式，便于整理。/ 无印良品

上

下

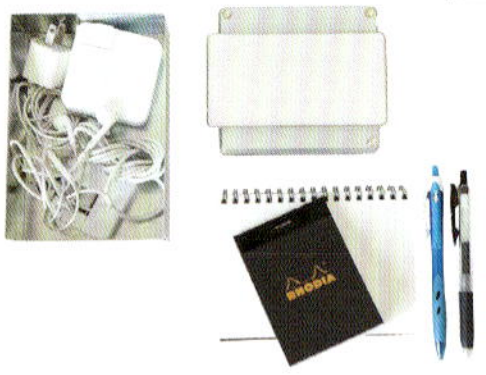

家人的电话和充电器

上面放的是座机的子机、智能手机，下面放的是充电线、电池等。笔记本、笔等集中收纳，便于使用。

A4 有腿托盘 /1500 日元

上

便于收纳物品

下

资料摆放在里面可以很清楚地看到指定印刷品的位置，避免散乱。上面放的是孩子拿回来的印刷品，下面分格的托盘里放的是印刷品广告和账单等物品。

A4 有腿托盘 /1500 日元

STANDARD ITEMS 10

叠放式亚克力盒：抽屉式、有盖、双层、大号

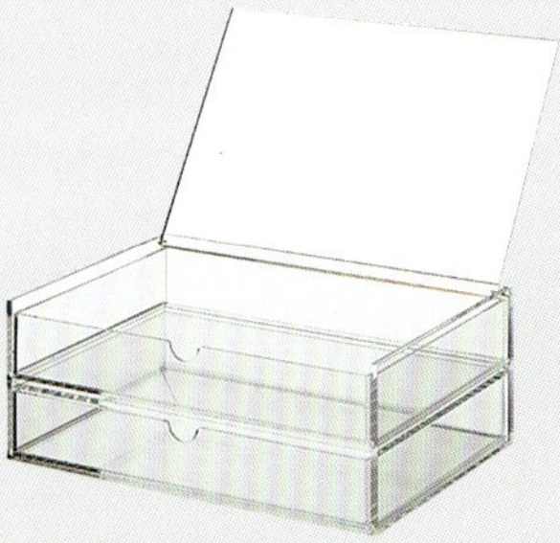

很多人将这个盒子摆在起居室。从外面可以看见盒内，找东西的时候很方便。

STANDARD ITEMS 11

EVA 化妆包：大号

EVA 树脂材质，可以收纳怕水的文件等物品。配有拉链，也便于分类收纳收据、发票。

拉链比较长，取用方便

推荐将母子手账和医疗证集中收纳。由于可以一起拿出来，在就诊台就不会手忙脚乱。

EVA 化妆包：大号 /840 日元

与另售的分格内胆配合使用更方便取用

与天鹅绒材质的分格内胆配合，更方便使用。可以将戒指、项链仔细分类收纳，出门前打扮时很轻松！

叠放式亚克力盒：抽屉式、有盖、双层、大号 /2500 日元

将吃早餐时用的餐具和食材分为一组。忙碌的早晨，只要把这个拿到桌上，就不慌不忙了。

杯垫、速溶咖啡、马克杯，组成套装。突然来客人，只要将这 2 样取出来，马上就准备好了。

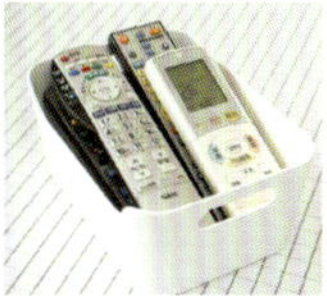

收纳遥控器，放在固定位置

盒子的材质滑溜溜的，和其他家具很搭配。小尺寸的盒子适合收纳遥控器等，放在电视机旁边。

VARIERA 盒（24cm×17cm×10.5cm）/299 日元

家人都要使用的物品放在一起

摄影器材集中收纳，在盒子上贴上标签写明收纳物品。拿出来的时候顺便擦一下，灰尘就没了。

VARIERA 盒（24cm×33.5cm×14.5cm）/599 日元

可放 4~5 个马克杯

在抽屉里叠放使用

将厨房用品按照用途的不同分类收纳在盒子里。在抽屉里并排摆好后，上面再叠放一个，收纳能力得到提升。

VARIERA 盒（24cm×17cm×10.5cm）/299 日元

（24cm×33.5cm×14.5cm）/599 日元

STANDARD ITEMS 01

宜家 VARIERA 盒

简洁的收纳盒，提手便于取放及搬运，塑料材质，适用于厨房或其他有水的环境。/ 宜家

可以放 1 周的报纸

收纳报纸、传单

大小正好可以放下叠成 4 折的报纸。容量大约可以放得下 1 周的报纸。扔垃圾时勤快些，就可以避免堆积。

VARIERA 盒（24cm×33.5cm×14.5cm）/599 日元

把怕变形的小物品扔进去

适用于收纳帽子、小包等不能折叠的物品及非应季的物品。轻便且有提手，便于高处取放。

SKUBB 盒（31cm×34cm×33cm）3 个一套 1499 日元

家人的泳衣保存在清洁的保鲜袋中，再用的时候很方便，而且能防尘。

可以放 12 双袜子

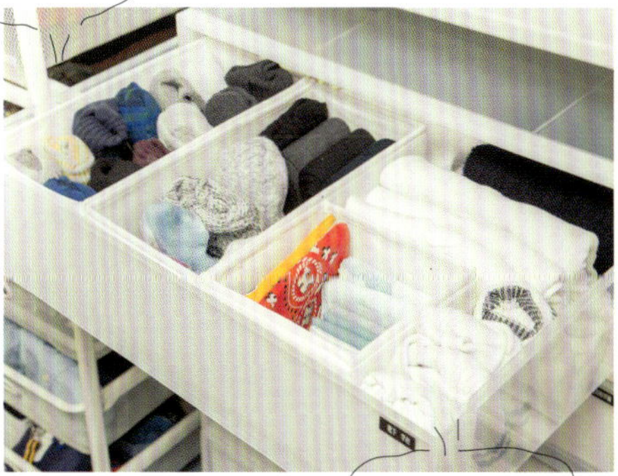

可以放 15 条手帕

用于抽屉内部的整理

可以灵活运用于收纳袜子、皮带等小物品。它与无印良品的小尺寸聚丙烯收纳盒特别合适！

SKUBB 盒 6 个一套 / 各 899 日元

STANDARD ITEMS 02

SKUBB 系列

适用于衣橱的尼龙制收纳盒。不用的时候可以铺平叠起来，不占地。/ 宜家

能看到里面的物品

根据收纳的物品调整隔断

有分格的盒子用于收纳文具、首饰，一目了然！

使用频率高的物品集中放在一个箱子中分类保管。既可以节省找东西的时间，还可以避免“那个东西应该在这里吧……”的情况。

教科书分为在学校用的和在补习班用的，同类物品分类时，不仅要使用标签，还要使用不同的颜色进行区分管理，整理起来才方便。

文件盒：黑色、白色各一个 / 各 499 日元

分属于不同的人的物品及不同用途的物品使用不同的颜色区分

（左）适合收纳男孩子的卡牌，也适用于懒人收纳。分属于不同的人的物品用颜色区分，就可以很清楚地知道物品的主人是谁。

有盖盒：黑色、绿色各一个 / 各 199 日元

STANDARD ITEMS 03

TJENA 系列

设计简洁的纸质系列，标签框很令人欣喜，颜色与尺寸也很丰富。/ 宜家

STANDARD ITEMS 04

BYHOLMA 篮筐

手工编织的藤条篮筐。有提手，即便里面装满物品，也能提起来就走。推荐用于开放式收纳。/ 宜家

自然地收纳居家鞋

透气性好的篮筐，可以用来收纳招待客人的居家鞋或放在厨房保存的根茎类食材等。不加修饰地摆放感觉就很好。

灰色（40cm×40cm×18cm）/1699 日元

STANDARD ITEMS 05

TROFAST 系列

轻便简洁的可组合收纳用品。颜色、尺寸选择多，价格亲民，可满足各类需求是它的魅力所在。/ 宜家

盒子也可单独用于收纳

可以将运动包等户外使用的物品收到盒子里放在玄关。收纳场所固定，也可以培养孩子主动整理的习惯。

利用抽屉的颜色和尺寸来给玩具做分类

可以将玩具清晰地分类，玩儿的时候整个拿出来就行。用抽屉的颜色来区分收纳的玩具，即便是年幼的孩子也能记住要如何整理。

框架：自然色 / 各 5999 日元；盒子：白色、绿色各一个 / 各 300 日元、红色 / 500 日元

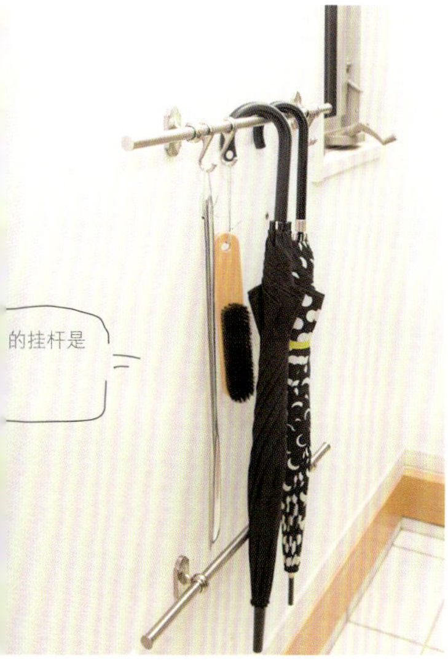

雨伞、刷子的暂时保管场所

设置在玄关，可以用来挂湿雨伞。下方也安装一个挂杆，可以防止水弄脏墙面。

挂杆(57cm)：电镀/699日元；挂钩：电镀×5个/299日元

悬挂清扫工具

不能自己站立的刷子不要放在地板上，可以把它们挂起来，使用时找起来也方便。餐具收纳桶可用来放清洁剂。

挂杆(57cm)：黑色/699日元；挂钩：黑色×5个/299日元；餐具收纳桶/799日元

STANDARD ITEMS 06

FINTORP 挂杆

安装在墙壁上的厨房收纳系列。根据需要自行安装挂钩、收纳桶，可以用于很多地方。/宜家

可作床头柜兼收纳客用枕巾、被单

可用来保管衣橱里放不下的枕巾、床单。平时放在床边，当床头柜使用。

乳白(40cm×56cm×28cm)/1499日元

占地方的玩具也可以一股脑儿地放进去

容量够大，可以用来放拼插玩具、布偶等占地方的玩具。扔进去盖上盖子，就很整洁。

蓝色(40cm×56cm×28cm)/1499日元

STANDARD ITEMS 07

FJALLA 有盖箱

纸质，轻便，适于收纳比较占地方的物品。大尺寸的箱子有提手，方便搬运。有乳白、咖啡、蓝3种颜色，3种尺寸。/宜家

可以放很多 A4 尺寸的书

STANDARD ITEMS 08

KNAGGLIG 盒子

很结实，可以放心收纳书籍、瓶子等重物。有提手，还可以叠放使用，材质为松木。/ 宜家

小尺寸的盒子可用来放游戏机、软盘

游戏软盘、起居室里的玩具，都放进电视机旁的木箱里，室内杂乱不堪的问题马上得到解决！贴上贴纸或者画点图案，会很可爱。

(23cm×31cm×15cm)/999 日元

放很多图鉴、绘本也不用担心

因为是木质的盒子，所以很结实，可以收纳图鉴、参考书等较重的书籍。底面如果安装小轮子或者顺滑的垫子，很方便移动。

(46cm×31cm×25cm)/1499 日元

STANDARD ITEMS 09

RASKOG

有轮子的钢铁架。推荐用于拓展厨房、寝室、玄关等狭小场所的收纳空间。/ 宜家

需要用的时候拉过来

收纳箱有 3 层，可以将遥控器、杂志、毛毯等常被放在沙发附近的物品集中收纳。平时放在起居室的角落，需要用时就拉过来，不会妨碍日常活动。

RASKOG：黑色 /4999 日元

同时可以收纳书包的桌边收纳架

放在写字台边，可以收纳书包、教科书、文具等。容易堆积在桌上的物品都移到一旁去，学习区域就会变得宽敞。

RASKOG：蓝色 /4999 日元

原材料是竹子，
不容易变质

假装缝纫箱

将布头、剪刀、针插等放进去，当作缝纫箱使用。因为没有盖子，平时为了防尘，可以盖一块布。

DRAGAN 盒 3 个一套 /1799 日元

集中收纳外出装扮的用品

烫发器、卷发器、化妆品集中收纳。因为小巧不占地，所以可以拿到起居室、寝室使用。

DRAGAN 盒：3 个一套 /1799 日元

可以在喜欢的场
所化妆

STANDARD
ITEMS
10

DRAGAN

2 小 1 大的套装盒子。可以单独使用也可以成套使用。可以叠放，节省空间。/ 宜家

正好放下叠成 4
折的报纸

可以用来保管报纸

在废纸回收前，可将叠成 4 折的报纸和回收袋一起放进去保管。客人来访时盖上盖子就好。

KUGGIS 有盖盒 /2499 日元

也可用作游戏专用箱

收纳遥控器、软盘等游戏用品。可以整箱取放，孩子用完后整理起来也很方便。

KUGGIS 有盖盒 /2499 日元

STANDARD
ITEMS
11

KUGGIS

有配套的盖子，可以叠放使用。为了便于把盒子拉出来，在单侧的盒壁上有孔。/ 宜家

可以收纳 15 袋

按照不同的主题将串珠、皮筋等孩子的零碎玩具收进容器。

在容器外贴上标签，简单易懂，孩子自己也可以整理。

铝制盒盖 PET 容器 550mL、350mL/ 各 108 日元

特别将包装露出来收纳

550mL 的容量正适合收纳茶包。茶包的包装可以充当标签，容器外面不需要贴标签。

铝盖 PET 容器 550mL/108 日元

拉出来就能马上拿到

STANDARD ITEMS 01

Seria 铝盖 PET 容器

集中管理零碎的文具

在盖子上贴上贴纸，写清楚里面所装的物品，便于找寻。皮筋、夹子等常用文具，放进容器后不用盖盖子，将容器排列在抽屉中。

铝盖 PET 容器 160mL/108 日元

容器是塑料材质的，很轻便，掉到地上也不会摔坏。可以放心地用来收纳孩子房间里的小物品。/Seria

适合收纳孩子的衣物

宽型的用来放裤子，细长型的用来放袜子。为了便于孩子取放，裤子放 7 条，袜子放 9 双。

白色细长型厨房托盘、白色宽型厨房托盘 / 各 108 日元

留些空隙才便于取放

STANDARD ITEMS 02

厨房托盘

根据所收纳物品的尺寸，每间隔约 1.5cm 有一个可改变挡板位置的槽。细长型的有 2 块挡板，宽型的有 1 块挡板。/Seria

一眼就可看到想用的物品

在忙碌的早晨可以将要用的物品迅速拿出来。100 日元的塑料杯、小盒子与托盘配套使用，更方便。

白色细长型厨房托盘、白色宽型厨房托盘 / 各 108 日元

挡板位置可以变换

分类收纳药膏、发饰

孩子用的和大人用的药膏分类收进托盘。

尺寸小巧可以放在桌上。

木质分格收纳盒 /108 日元

深型时尚托盘 /108 日元

按照叉子的
种类分别收纳

托盘并排摆放很时尚

分类托盘 4 个一组，可以灵活运用于厨房的收纳。特别适合用来放吃便当用的叉子。

以分类整理种类数量繁杂、容易散乱的发饰。它的尺寸也适合放进卫生间的收纳空间。

STANDARD ITEMS 03

木质分格收纳盒和深型时尚托盘

木盒有 3 层隔板，去掉隔板也可以当作木箱使用，与托盘搭配使用很时尚。/Seria

STANDARD ITEMS 04 铁皮咖啡罐头盒和铁皮宠物罐头盒

复古风格的可爱罐头盒，很有格调，作为装饰也很酷。/Seria

非常适合放在玄关收纳小物件

可用于钥匙、印章等尺寸小容易丢失的小物件的收纳。如果再装饰以迷你绿植，更可增添空间的时尚氛围。

铁皮咖啡罐头盒 /108 日元

铁皮宠物罐头盒 /108 日元

添加绿色植物很时尚

可以放 13 盒奶精

用于冲配饮料的物品分类收纳在罐头盒里

奶精、砂糖、搅拌棒放入罐头盒中，既方便又可爱。

铁皮咖啡罐头盒 /108 日元

铁皮宠物罐头盒 /108 日元

牙签与盒子一起放进罐头盒

可用作餐具插筒

如果将叉勺、牙签等放在罐头盒里，使用时可以整体取出，很方便。摆在餐柜里也很可爱。

铁皮咖啡罐头盒 /108 日元

铁皮宠物罐头盒 /108 日元

STANDARD ITEMS 05 硬纸盒 A4

黑白搭配，自然可爱的盒子。硬纸质地，轻便，可组合使用。/Seria

可放 15 个普通日用款卫生护垫

集中收纳茶包

1 个架子放茶包，另 1 个放餐巾纸或小勺，叠放在一起，准备起来可以很迅速。

收纳架：白色 /108 日元

可以放 7 双孩子的鞋

存放小了的鞋子

尺寸小了，孩子已经穿不了的运动鞋，可以装在塑料袋里放进盒子。在更小的孩子长大能穿它们前，可以盖上盒盖，存放在衣橱里。

硬纸盒 A4(34cm×24cm×25.5cm)/108 日元

整箱放在起居室进行收纳

可放 2 条较厚的毛毯，整箱放在起居室看着也很时尚。可以在不用时将小毯子收纳其中，放在沙发旁边。

硬纸盒 A4(34cm×24cm×25.5cm)/108 日元

正好放入 12 卷纸

盒子放在托盘式收纳架上

正好可以放 12 卷卫生纸！两侧还有便于提的孔洞，方便从高处取放物品。

硬纸盒 A4（34cm×24cm×25.5cm）/108 日元

STANDARD ITEMS 06

收纳架

前面有贴标签的凹槽，推荐用于分类收纳。左右的提手向内侧放倒，可以叠放使用。/Seria

便于分类收纳根茎类蔬菜

纸质材料透气性好，可常温保存根茎类蔬菜。盒子款式简洁，便于管理。

硬纸盒 A4（34cm×24cm×25.5cm）/108 日元

盖上盖子显得很整洁

分类收纳清洁护理用品

普通日用款卫生巾、卫生护垫等，可以分类收纳。把架子叠放在狭窄的卫生间里也不碍事。

收纳架：白色 /108 日元

放了 24 袋茶包

STANDARD
ITEMS
07/08/09

铁皮盒子与磁铁配合使用

纸张也能整齐收纳

作为能减少杂乱感的收纳工具，铁皮制品的人气一直很高。在盖子表面贴上数字形的磁铁，就可以收纳桌上散乱的纸张，节约寻找物品的时间。铁皮小桶可以用来收纳笔，不再能够一眼望见笔的颜色，使桌面看上去干净整洁。

矩形铁皮盒子（宽 16.1cm× 深 11.1cm× 高 5cm）、EVA 磁铁数字 6 个、铁皮小桶（直径 9.4cm× 高 9cm）/ 各 108 日元

STANDARD
ITEMS
10

看起来像玻璃，实际上是塑料

轻巧便于搬运

外观很漂亮，并且没有玻璃瓶沉重、不易取放的缺点。如果孩子把它掉到地上也不用担心。

PET 法式小罐 800mL（直径 9cm× 高 16cm）/108 日元

STANDARD
ITEMS
11/12/13/14

使用园艺围栏在厨房设置墙面收纳工具

要想合理使用厨房，提高烹饪效率，就要将零碎物品收纳在墙上。用 S 形挂钩将钢丝格子框架固定在墙上，再设置挂钩、篮子等，简便的收纳装置就做好了。

棕色钢丝格子框架（宽 29.5cm× 高 29.5cm）、棕色四方网眼篮（宽 12cm× 深 6.5cm× 高 10cm）、王冠挂钩（宽 3.2cm× 高 6cm）、棕色四方网眼架（宽 21cm× 深 6cm× 高 9.5cm）/ 各 108 日元

STANDARD ITEMS
15

需要频繁取用的茶叶，收纳在有提手的瓶子里

希望能带着瓶子一并取放的物品，最适合收纳在有提手的容器中。盖紧盖子，还可以防止受潮。

手提式玻璃瓶 780ml（直径 8.7cm× 高 20cm）

STANDARD ITEMS
16

带迷你黑板的挂钩
可以在黑板上标注挂在上面的物品的名称

为了让丈夫、孩子自己收拾自己的物品，使用可以写名字的挂钩很有效。在黑板上写清各自的姓名和物品名称，放在固定的位置。

黑板挂钩（宽 5cm× 高 13cm）/108 日元

STANDARD ITEMS
17/18/19/20

将生活用品都放进收纳容器，可以更好地配合装修风格

将外包装花里胡哨的洗涤剂倒入替换装用的瓶子，可以除去杂乱感。清洁的卫生间里就需要自然、整洁的收纳。毛巾立着收纳进 A4 文件盒，湿着手的情况下也可以迅速取出。

白色 Lead5（宽 7.5cm× 深 7.5cm× 高 10.4cm）、玻璃奶瓶、600mL 时尚黑色方形 PET 压力喷嘴瓶 、布鲁克林风墙贴、自然棕色立式 A4 文件盒（宽 9.3cm× 深 24.8cm× 高 30cm）/ 各 108 日元

COLUMN 1

稍加采用，马上不同

布置漂亮房间的方法

“想将房间布置得又漂亮又舒适，到底应该从哪里入手呢？”为了帮大家解决这个难题，我们总结了容易入手的室内装修的诀窍。

可以马上学

初级篇

RULE 01 增加装饰色

室内装修的深奥之处在于“颜色”。在房间的基础颜色上稍加一点装饰色，马上就会产生温馨感和安全感。放置整洁的诀窍是颜色的数量不能超过3种，因为就算是同色，比起鲜艳的颜色，素色的空间也更令人感到放松。

基础色（白色、木纹）

绿 红

平静的绿色搭配温暖的红色。在人们视线容易停留的桌面上使用这种色彩搭配，感觉立刻改变。

灰

在面积很大的地毯上运用深灰色，可以营造沉稳的氛围。

收纳容器也使用毛毡材质

改变收纳容器的材质也是一个办法。北欧设计风格的毛毡篮筐，芯材结实，收纳能力强。

放置粗呢质地的编织物

使用粗呢质地的靠垫套，会增加成熟感。

RULE 02 增加季节感

不仅是颜色，还可以通过材质来增加季节感。夏天使用不锈钢、塑料等冷调的材质，冬天就增加柔软的编织物。

RULE 03 构建一个放松的角落

比如用一盏小灯将房间内的亮度降低一些，或者使用花草香的芳香喷雾器。用非日常的设置，来治愈身心的疲惫。

将沙发边桌作为专用一角

将治愈系的物品放在沙发旁边。芳香剂和小灯放在布上，桌上不会显得散乱。

空气凤梨

生长在南美等地的植物。不需要土和肥料，叶子可以从空气中吸收水分，所以叫空气凤梨。不需要每天照管，可以自由搭配，也是它的魅力所在。

多肉植物

厚厚的叶和茎可以储藏水分，不需要频繁浇水也可以养活。

RULE 04 将易养活的绿植用作装饰

很多人说“想用绿植进行装饰”，但是大型植物既不好打理又占地方，不少人都放弃了。最近市面上多了不少即使疏于打理也不会枯萎的绿植。

RULE 05 在墙上布置亮点

墙壁在房间中占有大片的面积，没有装饰感的白墙会给人冷寂的感觉。将小巧的海报、编织物装饰框布置在和视线同样的高度试一试。

1. 装裱的画、明信片等小物件可以多装饰几个。重点是要错落有致。

2. 如果不知道装饰些什么好，推荐在室内装修方面很有人气的编织物。如果底色是暖色系，会给人以冬天的印象。

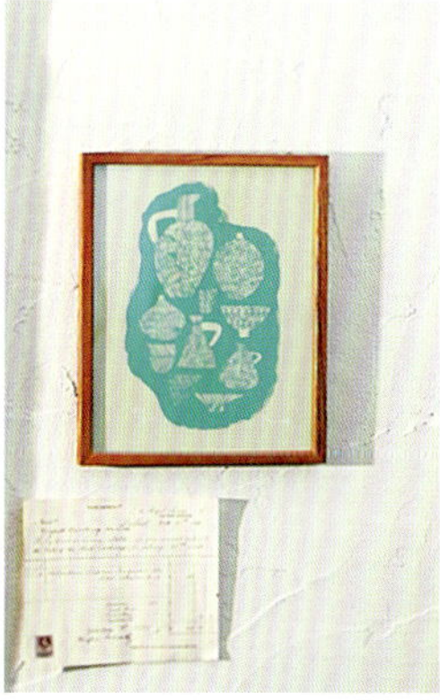

款式多样的无印良品、宜家、Seria

10 位人气博主保持整洁的收纳原则

我们来介绍 10 位喜爱用无印良品、宜家、Seria 的人气博主的房间，看看她们的柜子里都有什么。从不同的生活方式中总结的保持房间整洁的收纳原则，全部可以马上用于实践。

（译者注：LDK 是日本用来介绍房屋布局的常用词，L 表示起居室客厅，D 表示饭厅，K 表示厨房。1LDK 表示 1 个房间外加客厅、饭厅、厨房，3LDK 表示 3 个房间外加客厅、饭厅、厨房。）

{CASE 1}

收纳空间少也不要紧 分类布置简洁漂亮的房间

Aiko 女士

公司员工
住宅：3LDK 的分售公寓
家庭成员：丈夫、长女（5 岁）、次女（3 岁）、儿子（1 岁），五口之家

博客：我的家
http://watashi-ie.jugem.jp/

在休产假和育儿假时对室内装修进行大改造

Aiko 女士家中有 3 个到处乱扔物品的孩子。每天物品都在增加，但是她灵活运用无印良品、宜家等的收纳盒，将柜子里的物品仔细分类，收纳能力得到提升。“最容易产生杂乱感的食品、点心，可以放在袋子、柜子里藏起来，我选择使用北欧风格的时尚餐具装饰在开放式餐柜中。错落有致地布置一下，尽管收纳空间有限，但是看起来很整洁。”

还有一个秘诀，就是要创造一个让孩子们也很容易整理的环境，这样才能长久保持整洁。“尽管很多时候觉得还是自己做比较快，但是孩子们正处于想要模仿父母的行为、想要帮忙的年纪，所以我会忍住。孩子们每天上幼儿园前，自己穿衣服，我也轻松了不少。”

RULE 01

根据使用频率的高低决定是放在外面还是收起来

将自己喜爱的餐具装饰在显眼的位置可以提升格调。

1. 厨房的吧台上放一个开放式餐架，可以有效利用空间并保证烹饪时的活动空间。“喝咖啡的相关器具集中放在托盘里，要喝咖啡时带着托盘一起搬运。”2. 厨房入口处设置一个开放式的架子，平时常用的餐具都放在上面。架子下面放的是孩子们用的小盘子、杯子等。3. 厨房主色调是白色，再装饰以北欧风格的小物件。“我很喜欢黑白相间的水壶垫。”4. 挂在墙上的环保袋里放的是孩子们的零食。5. 和抽屉的尺寸配合得严丝合缝的是“KEYUCA”的分格盒。6. 锅具都放在灶台下，调味品也放在一起。7. 垃圾袋按照种类的不同放进不同的盒子。8. 洗碗机下面全是北欧风格的马克杯，招待客人时会用到它们。9. 不常用的大盘子和盛盖浇饭用的大碗，放在水槽下的抽屉里。

RULE
02

创造一个孩子们可以积极帮忙的环境

10—11 中 3 个孩子的玩具按照所有者和种类进行分类。“在布质的盒子上贴上每个孩子的大头照，这样一目了然。孩子们也为有了自己专用的箱子而感到开心。不同于以前，现在他们会主动帮忙收拾。”

12—13 中，衣橱中使用收纳盒与塑料筐进行分类，左边是长女的，右边是次女的。“为了能让孩子们自己穿衣打扮，她们的衣服放在下层——她们的手容易够到的位置。上层放的是不用的玩具和过季的衣服。”

柜子里放的是 1 岁儿子的衣服。“抽屉里用均价 100 日元的盒子进行分隔，为了便于找衣服，要把它们立着摆放。”

为了方便孩子们开关，我把卫生间里收纳柜的柜门卸掉，换上经过防水加工的浴帘。里面放的是孩子们的背包、手帕、换洗衣物等幼儿园常用品。“孩子们会把自己需要的物品装进背包。”

1

{CASE 2}

不用柜门、抽屉隐藏，取放一步到位

内藤美保女士

设计师

住宅：3LDK 的集中住宅区

家庭成员：丈夫、女儿（1岁），三口之家

博客：在有 50 年历史的旧小区中的“重生”生活

http://palette.blush.jp/blog/

RULE
01

拆掉收纳柜的门

1. 为了节省开关柜门的时间，将壁橱的所有门都拆掉了。“虽然是个细微的改动，但是因为省去了一个步骤，马上就感到很快捷。女儿黏人的时候，也不会因为整理不了家务而烦躁了。”

2. 拆掉洗脸池下方的柜子，物品都摆在明面上。墙上使用“natural kitchen”的装饰架，拓展收纳空间。洗脸池下方是宜家的杂志架，用来放毛巾。

2 宜家

因为取物品时可以一步到位，所以收拾起来超级方便

内藤女士大胆地将衣服、生活用品、CD 等大部分物品都进行开放式收纳。虽然空间并不宽敞，但是因为秩序井然，所以看起来很整洁。其实在搬到这里之前，内藤女士一直苦于不会收纳，家里的物品不断增多，连下脚的地方都没有。“因为觉得开关柜门、抽屉很烦，所以就随便乱放了。”

以搬家为契机，内藤女士觉得这样下去不行。她将带进新家的物品减少到最低限度，并思考如何才能便于取放物品，最后的结论是使用“无印良品”“宜家”的收纳容器进行“全部看得见”的收纳。“最初并没有能够让家里长久保持整洁的自信，有些不安，但是由于物品都露在外面随时可以看到，自然而然就会产生想整理的念头，所以到现在家里一直都很整洁！”

RULE 02

常用的物品挂在眼前

3. 壁橱的一部分可以当桌子用。旁边装上 100 日元的钢丝网，可以将剪子、订书机等文具挂在上面。4. 笔都放在墙上的笔筒里。“物品都挂起来，清理桌面的时候很方便。”5—6 中每天使用的烹饪工具都挂在水槽上方。“清洗完之后不用擦，直接挂起来！”为了不让烹饪工具直接碰触墙面，需要使用宜家的挂杆，安装在吊柜下方。

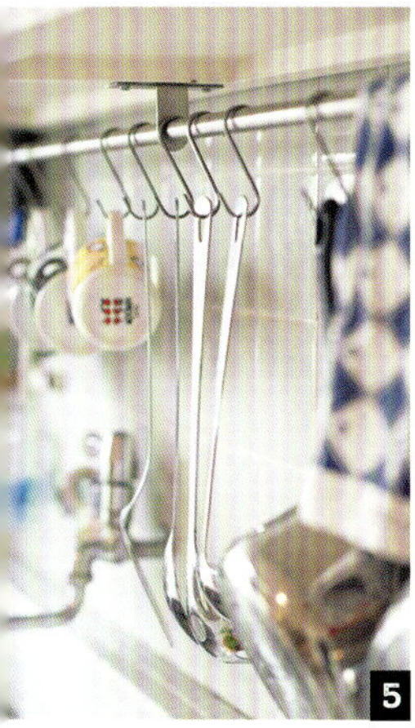

RULE 03

摆放物品要留有空间，便于翻找

7. 如果把物品放在壁橱深处就容易遗忘，最好不要放。“看起来舒服，通风也好。”8. 衣物都卷起来收纳。“如果叠得整整齐齐，被女儿弄乱的时候就会很烦躁，现在这样很容易整理，心情平稳了很多。”

9. 衣架上摆放的是丈夫的衬衣和帽子，摆放原则是 1 层放 1 件。“只要放在空处就可以，收拾起来很简单。”10. 为了能迅速取出餐具，摆放时要留有空隙。

RULE
04

收纳的同时进行装饰，整理起来也有乐趣

11

12

13

11. 把丈夫根据自己的兴趣收集的唱片装饰起来，可以增加房间的亮点。“被装饰起来后，对它们的喜爱程度好像增加了。搬家时处理掉了一大批，虽然数量减少了，但是满足感增加了。” 12. 配合放置手工制作的书架，收纳了除杂志外的所有书籍。“有一种展示的感觉，很有乐趣。” 物品的数量保持在书架能放得下的程度。13. CD 与 DVD 也在装饰的同时进行收纳。CD 架是宜家的。

{CASE 3} 为了让每个人都能轻松整理，将物品放进收纳盒后，给盒子贴上标签必不可少

每天的整理工作只用睡前 10 分钟就能搞定

MI 女士的家，每个房间都只有 6 畳大小（译者注：“畳”是日本常用的表示面积的单位，1 畳即一张榻榻米的面积，约为 1.6562 m^2），看起来很清爽。她充分利用家中有限的收纳空间，将所有物品合理放置，让人感觉不到家中空间的狭小。这其中的关键就是使用四方形的盒子。“无论并排放还是叠放，都可以充分利用空间。因为有盖子，里面的凌乱也不会显露出来。”

盒子外面贴上标签，自己不在家的时候家人也能知道物品的收纳位置。这样做的起因是母亲住院。“母亲住院期间，我一直在娘家帮忙，由于根本不知道什么物品在什么位置，每天都在找东西，很烦躁。”因为不想让自己的家人也有同样的困扰，所以给盒子贴上了标签。如此一来，散乱的情况减少，每天的整理都变得很轻松。“睡前 10 分钟就可以完成。我一周上 6 天班，真是解决了大问题。”

MI 女士

公司职员

住宅：3LDK 的独栋楼房

家庭成员：丈夫、长子（11 岁）、次子（9 岁），四口之家

博客：眼镜、海鸥与北欧生活

http://ameblo.jp/61680318/

1. 二层的起居室。装修主题为“北欧”。“因为看了电影《海鸥食堂》特别着迷。”2. 开放式的厨房。餐具都放在水槽后面的镶嵌式收纳架里。3. 宽敞的玄关。鞋柜用来收纳储存的日用品。“需要大量储存的物品都从网上买。一次买很多物品会比较沉，可以拜托宅急送的送货员运到壁柜跟前。”

RULE
01

灵活运用文件盒减少空间上的浪费

4. 起居室里沙发旁边的架子，放的是孩子们在学校使用的物品。“以前放在1层孩子的房间里，但是他们老忘东西。现在让他们在我眼前整理，我可以进行确认。”5—6中，整体厨房的下面也摆满了文件盒。“将物品立着放，取放都方便，但是绝对不能让物品过多而产生堆积。为了取物品时不发生倒塌，要严格控制数量。”7. 日用品收纳场所也是这样。文件盒是无印良品的。“很结实，可以用很久。”

RULE
02

就算放在外面，也要选择样式很简洁的箱子和篮子

8. 电视柜下面并排放着看上去很时尚的“HAY”的盒子。用来收纳起居室里的装饰物品。9. 电视柜上也有“HAY”的盒子，装的是护手霜、遥控器等坐在沙发上时使用的物品。10. 暂时需要保管的纸制品放在篮子里。“放在篮子里，就不会在桌面上堆放多余的物品。”11. 餐柜也使用自己喜爱的篮子、托盘进行收纳。“收纳工具的款式都选择简洁的，就算换了外观也不用特意去选择放置的场所。”

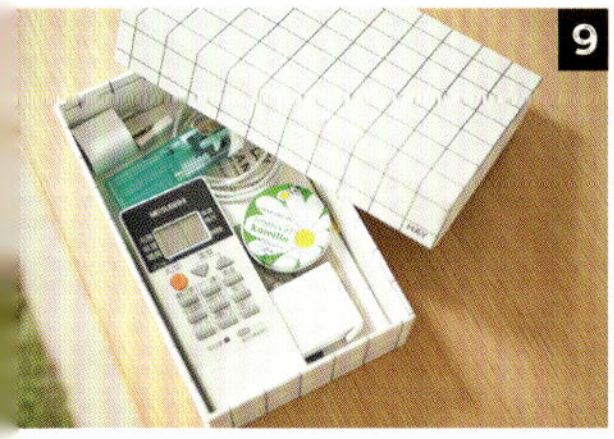

RULE 03

为了让家人都知道物品的收纳位置，一定要贴上标签

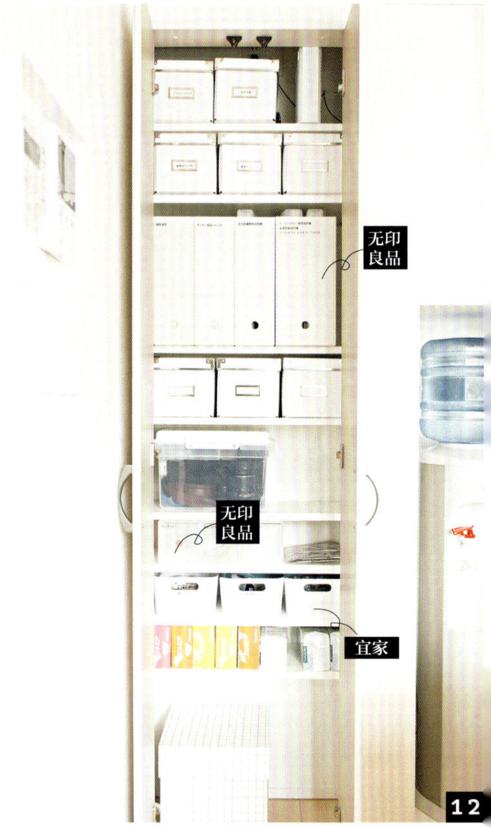

12. 使用频率很低的书籍、摄像机都放在厨房的柜子里。“统一使用白色的盒子，看起来没有压迫感，很整洁。”13. 沙发旁边的柜子的抽屉里，放的是家人常用的文具。用小箱子进行分类，放在固定位置，底部贴上标签。14. 孩子的衣服放在布质的盒子里，置于衣帽间的固定位置。外面贴上标签。15. 电视柜的深处放的是不想让孩子们碰到的工具。“孩子们好像嫌拉开柜门再拽出抽屉很麻烦，都不靠近这里，所以放在这里是正确的。”

{CASE 4}

觉得收纳很头疼的时候，别犹豫，选择无印良品

想要用的物品永远都可以马上找到

Mujikko-RIE 女士

医院工作

住宅：3LDK 的分售公寓

家庭成员：丈夫、儿子（7 岁）、女儿（3 岁），四口之家

博客：良品生活

http://ryouhinseikatsu.blog.jp/

游戏机充电器、色彩艳丽的教材等，都放进文件盒。取用方便，还很整齐，一石二鸟。

每个孩子的袜子用 1 个篮子收纳，放在上幼儿园用的背包旁边备用。孩子自己挑选自己穿，每天早上很顺利。

家中凌乱一点也不会焦躁

Mujikko-RIE 女士在医院担任放射科技师。每天早上给孩子做便当、穿衣服梳妆等，忙碌起来，时间总是不够用。

“着眼于收纳问题，是从有了孩子开始，发现以前的物品摆放都不顺手了，所以利用育儿假重新进行了设计。第二个孩子出生后，搬到了现在的住所，这次也用育儿假的时间制订了收纳计划。”RIE 女士为了配合当时的生活情况，一感到不方便，就马上重新设计。无印良品的人气商品，网上也有很多评论，便于参考。人气高的商品很少会停产，随时能买到，很令人放心，这可能也是选择它们的一个理由。“就算物品散乱，用 15 分钟收拾好就行，这是我的原则。所以散乱的时候就由它去，虽然有种一直在和孩子们重复无谓的动作的感觉，但是我一直在努力尝试改变方法、改变品质、改变收纳场所、改变讲话方式。”

RULE
01

和丈夫一起在厨房的时间比较多，收拾整洁才能施展得开

1. 餐布和海绵等物品，分类放在100日元的收纳盒里。经常使用的物品集中放在下层。

2. 右侧放的是使用频率低的餐具等。便当相关的零碎物品集中收纳在无印良品的PP盒子里。

3. 常用的餐具、叉勺放在橱柜的抽屉里。一眼望去就能看得清清楚楚，短时间内就可以准备好餐具。

站在起居室里可以看见开放式厨房。水槽和灶台附近，只放最低限度的必要用具和喝咖啡的相关物品，要一直保持整洁。

RULE
02

培养孩子们整理的习惯，告诉他们玩具的收纳位置

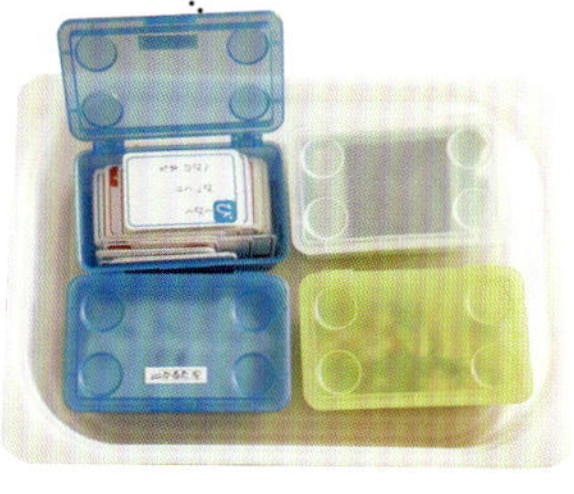

1. 有盖的拉链盒，放的是孩子们在幼儿园制作的作品。将要保留的和要处理的，定期分类。

2. 卡牌收进有盖子的塑料盒，放进抽屉。玩儿的时候把盒子整个拿出来，不会散乱。

3. 在收纳家具上外加一个宜家另售的抽屉，用来分类保存玩具。将分量重、个头大的玩具放在最下层才安全。

{CASE 5}

即使家里工作用品多，只要分类收纳，整理起来就很干净利索

峰川 ayumi 女士

手工制作家

住宅：4LDK 的独栋楼房

家庭成员：丈夫、女儿（15 岁）、长子（12 岁）、次子（3 岁），五口之家

博客：「A+M」峰川 ayumi 的小翻新 & 装修生活

http://www.am-home.com/diary_am.cgi

将物品收拾得有邮箱的感觉

峰川女士揶揄自己 3 岁的次子：“我家有个乱放东西的天才。他乱放东西，我去整理，然后他又乱放，如此反复，我每天疲惫不堪……”

“家里兼作工作室，所以东西特别多，混乱的程度也很严重。”按照品种的不同将物品细分后进行收纳，是解决问题的方法。“仔细设置物品的固定摆放位置，这样可以增加整理的空间。把物品放在孩子够不着的架子上，再按品种分类，就会变得易于管理。”

一些手工作品也能派上用场，“利用塑料盒和油蜡贴纸，可以营造出可爱的杂货店风格，就算把物品摆在明面上，也不会有杂乱的感觉。这样就能很好地解决孩子们乱放东西的问题了”。

收纳盒可以整体搬运哦

RULE 01

小物品要分类

1. 利用盒子分类收纳吧台下面的架子里的餐具。收纳位置明确，孩子也容易帮忙整理。2. 金属质地的烹饪工具都吸在墙上的磁铁架上，一字排开。3. 不是每天使用的烹饪工具和食材，放在 Seria 的面包盒里，外面贴上标签。4. 厨房旁边的抽屉里采用硬纸盒、透明塑料盒进行收纳。取用时不容易散乱。

1

2

3

4

对面式厨房中只收纳使用频率高的物品。美观的白色餐具，为了取用方便，要注意不可叠放太多。剩余的餐具放在收纳盒里分类保管，可以保持整洁。

RULE
02

利用墙壁，地面就会整洁

长子的房间，使用单一色调。用蜡纸贴进行装饰。“颜色少一点，就能使房间看上去整洁。”和丈夫一起制作的阁楼式的立柱，上面设有挂钩、小盒子，可以挂包等物品。在墙上设置收纳空间，孩子整理起来容易，打扫起来也少了很多麻烦。

5

6

5. 需要在忙碌的早晨使用的化妆品，不收进抽屉，而是分类摆放在洗脸池旁边，这样可以减少梳妆的时间。6. 把收纳盒安装在墙上，里面用首饰等进行装饰的同时分类收纳。放在与视线同一高度的地方，便于取用。

{CASE 6}

大家都知道物品收藏的地点

使用万能收纳法，消灭“那个东西在哪儿”的难题

Shima 女士

短期合同工

住宅：3LDK 的分售公寓

家庭成员：丈夫、长子（8岁）、次子（5岁），四口之家

博客：头脑里的各种想法

http://atamanoiroiro.jugem.jp/

以前是两个房间，改造时改成了1个宽敞的起居室。用无印良品的木质架子和宜家的白色架子进行区域分割，孩子们很喜欢这个“基地”。

超越性别和年龄的界限，令大家都很满意的方法

Shima 女士和丈夫特别喜欢小摆设和书，所以在过夫妻二人世界的时候，家中经常堆满东西。关于整理方法，两人也互不相让，经常发生冲突。但是当家庭迎来新成员，他们也开始重新考虑相应的收纳方法了。最终的结论是，推行没有男女分别、年龄限制，减少空间浪费的“公司式收纳方法”。

“与丈夫商量如何处理物品，有了共同的认识，真是太好了！以后购物时也会做到严格挑选。”物品数量减少后，贴好标签，什么东西在什么位置，一目了然。被丈夫问“那个东西在哪儿”的情况明显减少。“和孩子们一起整理的同时，我们也逐步确立了各种原则。”

RULE
01

根据用途不同规划各自的区域

丈夫说男人希望有自己的城堡，我采纳了他的建议，在 LDK 中划分出了丈夫和孩子们的区域，将区域中的管理工作交给他们。

（上）餐厅最里面的座位是丈夫的。柜子的一角给他，当作小书斋使用。（下）使用宜家的柜子从起居室划分出一个读书角，顺便再放置自动调节式椅子，使那里成为孩子们的基地。

丈夫的小书斋

RULE 02

将生活用品进行“办公室化”管理

家人在起居室里共用的物品，分为平时常用型和保管型进行收纳，按照类型、用途分类，再贴上标签。

将物品收进外面看不到的地方

收纳库的下层放的是吸尘器、工具，上层放的是资料、文具等。可以使用无印良品的 PP 盒子进一步分类，贴好标签。

平时常用的物品收纳在需要使用的场所附近

平时常用的文具、资料都放在餐厅旁的宜家柜子里。抽屉中的文具、卡片等每种占用一层分类保管。抽屉里再用无印良品的 PP 盒进行分类，孩子们也能清楚物品的摆放位置。

RULE 03

玩具只要扔进去就行

不是强制孩子掌握如何整理，而是只和他们约定“玩具用完了就要放进盒子里”。

玩具的收纳，选择使用宜家的颜色鲜艳又轻便的 TROFAST 盒。零碎的物品放进宜家的带数字的网孔盒子。玩具的分类方法，可以与孩子们商量之后再决定。

晾干之后直接挂起来

洗完的衣服，在房间里挂起来晾干。晾干后直接带着衣架挂进同一个房间的衣橱里。

在较低的位置设置挂钩

宜家的小狗尾巴形状的挂钩，用来挂孩子们外出时的用品。设置在比较低的位置，孩子们就可以自己进行整理。

换季时直接调换

换季时只需将上层与下层的盒子调换位置就好，省去了全部取出来重新叠一遍的时间。

RULE 04

创造一个物品的位置和数量都可以一目了然的环境

为了让整理变得轻松，内衣、家居服以外的衣物全部挂起来，这样既一目了然，又节省了洗衣后叠衣服的时间，一石二鸟！

将房间的一面墙作为衣橱使用，夫妻二人的日常衣物全部在里面。因为数量很容易掌握，所以避免了很多不必要的购买。整理起来也简便多了。

针对“不愿意扔东西的习惯”，规定每2~3个月处理1次家中物品。“与工作中的盘点是相同的感觉。”

{CASE 7}

夫妻二人一起收拾很笨拙……

观察家人“乱放东西的倾向”，先下手为强

Aoi女士

公司职员

住宅：4LDK的独栋楼房

家庭成员：丈夫、女儿（5岁），三口之家

博客：My simple home 目标是成为整理能手！快乐装修&收纳&家务

http://simplehouselife.blog.fc2.com/

规定原则，利用复位时间保持物品的整洁

Aoi女士家很不擅长夫妻二人一起整理、收拾。搬到现在的住所后，尽管物品的数量已经减少了很多，但是找东西的频率依旧很高。

“这样做纯粹是浪费时间。只是把物品堆放起来解决不了任何问题，所以认真地学习了收纳相关的知识。”Aoi女士参考了书籍、博客上的内容并进行实践，“分析家人的行为倾向”“进行最低限度的分类”。经常找不到的物品，提前指定收纳的场所，书籍按照所有者进行分类。就算找不到了，寻找的范围也比较小，可以大幅度缩短找东西的时间。“要保持家中的整洁，家人的协助是必不可少的。把临睡前的时间当作复位时段，将家人散乱的物品全部归位，有点在做游戏的感觉，很有趣。”

1. “一回到家，大家都下意识地把包、外套扔在沙发旁边，所以将衣架设置在沙发前面。”包放在衣架旁的篮子里。2. “丈夫有把钱包、钥匙放在餐桌上的毛病，所以给他设了个专用的收纳场所。”仅靠这个措施就减少了物品丢失的次数。3. 手帕、面巾纸等集中放在起居室的某个位置。“外出前的时间通常很紧张，放在这里比放在卫生间更方便。”

RULE 01

对无意识乱放东西的行为先下手为强，规定固定的收纳位置

1

2

3

RULE 02

规定家人各自的收纳领地

4. 根据收件人和物品类别的不同制作索引，收到电暖收费通知、印刷品广告等物品后，先分类保管，有时间的时候再各自认领自己的物品。“做到先分类这一点，心情就不一样。”5. 在资料盒上贴上使用者的姓名，只保存需要长期保留的资料。6. 起居室里的镶嵌式架子。从左至右，依次是丈夫用的、我用的共 2 个、女儿用的 2 个，正好利用柜门进行分隔。

4

5

6

7

RULE 03

大块的收纳空间使用简便的收纳工具进行分隔

8

9

10

7. 日式房间里的衣橱。“将不同尺寸和使用频率的衣物收纳在一起，衣架、衣物收纳盒等工具必不可少。最底层安装一根挂杆，用来挂孩子的衣服。” 8. 随着孩子年龄增长，穿不下的衣服，收进环保袋，攒到一定程度后送给朋友。9. 衣物盒里用箱子进行分隔，便于取放。10. 起居室的收纳位置。“根据收纳物品的尺寸调整挡板，可以避免空间的浪费。”

11. 孩子的收纳空间设在起居室旁很显眼的日式房间内。“色彩鲜艳的玩具都收进原木色的家具、篮子里，看起来才整洁。”12. 文具、卡片、玩具等，进行大致分类。“如果孩子找不到东西，会把箱子整个倒出来，所以要让她能看见里面的东西。”13. 装不下的大体积的物品，集中放在一个地方，用布盖起来。

RULE 04

色彩鲜艳的玩具藏在原木色的收纳工具中

11

12

13

把箱子整个拿出来，即使物品再多，也只需要取放一次。

{CASE 8}

即使家中物品再多，使用“箱式收纳”，也可以整体拿出来再原样放回去

Mari女士

美甲师

住宅：2LDK的分售公寓

家庭成员：丈夫、长子（8岁）、次子（7岁），四口之家

博客：【hi+】喜爱酒店装修风格－经济实惠的酒店风格居家生活

http://ameblo.jp/brown-black-xoxo/

灵活使用收纳箱，无论什么样的柜子都可以将其“抽屉化”

Mari女士一边养育2个孩子，一边经营一所美甲沙龙。她家的起居室、饭厅，干净整洁得像随时可以接待客人的酒店一般。“其实2年前我还是个完全不会收拾整理的女人。每天孩子、工作忙得不可开交，没时间整理，家里的东西不停地增加……”

后来她开始参考接近自己理想中的收纳风格的博客，借着搬家的机会开始进行大改造。重点是使用收纳盒的“箱式收纳”——需要使用的物品连着箱子一起取放，一个步骤就可以完成整理，节省时间的效果超强。家人把物品拿出来就不放回去的情况也少了。“白色的箱子，款式、尺寸都很多样，需要补充的时候也容易买到。孩子出生后家里的物品如果增加，我打算相应地再增加些收纳箱。”

RULE 01

必要的物品连带箱子整体取放

早饭常用的物品组合放在箱子里

每天早上都要使用的食材集中放进箱子。取放时一个步骤就可以完成，可以提高准备早餐的效率！

孩子们的餐具由他们自己配置

孩子们用的餐具和拌饭调料都放在箱子里。盒子上有提手，搬运方便。

RULE 02

使用标签，共同使用、共同管理

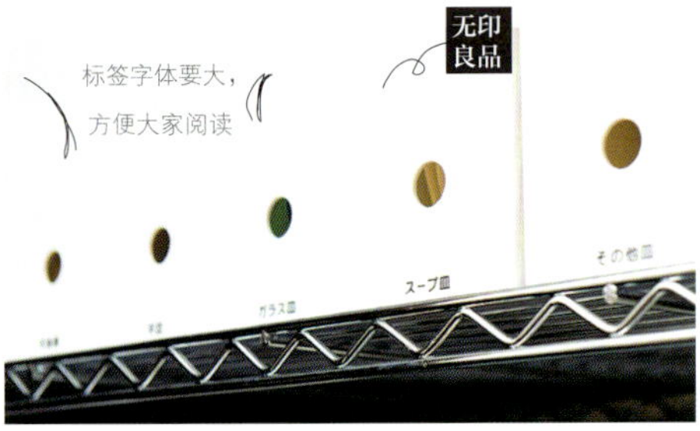

丈夫不用问“东西在哪儿”，自己就可以找出来

大盘子和使用较少的餐具，根据种类的不同分装在文件盒里。为了让丈夫知道里面装着什么物品，盒子外面要贴上标签。

取用时一并确认库存情况

“1个收纳箱收纳1种物品”，管理库存很简存放单。箱子是白色的，标签款式简单，看起来很整洁。

RULE 03

抽屉里用收纳盒进行分隔

将物品立着收纳防止散乱

用小盒子对抽屉进行分隔，手帕、纸巾、体操服等立着收纳。便于孩子们取用，也不容易散乱。

物品都有指定的位置，防止用完不收起来

文具、急救品也要仔细归类，放在各自的指定位置。减少了很多用完不收起来的情况。

RULE 04

家具也加入到收纳中来，确保活动空间

1

2

3

1. 衣橱是孩子们的“秘密基地”，让他们自己管理。2. 乐高等玩具放进收纳箱，贴好标签。3. 家具内部的空间也用来收纳，可以确保孩子活动玩耍的空间。

{CASE 9}

通过大量处理不用的物品，对自己的浪费幡然醒悟

从此以后，实行“不需要的物品就不买”的原则

A 子女士

财务工作

住宅：3LDK 的租赁公寓

家庭成员：儿子（10岁）、女儿（0岁），三口之家

博客：生活笔记

http://seikatsunomemo.blogspot.jp/

金钱、空间、时间，以前全被浪费掉了……

A 子女士以前特别讨厌整理物品，喜欢的衣服、CD 堆得房间里到处都是。从这样转变成物品少、干净整洁的风格，是因为怀着儿子的时候参加了一次跳蚤市场的活动，卖掉的闲置物品居然有 18 万日元。“我发现很多东西买了却不用，只在柜子里越堆越多，纯粹是浪费钱财。”

从那以后，她只买真的喜欢的、现在需要使用的物品。选择可以有多种用途的物品成了 A 子女士的习惯。“东西少，既节省金钱又节省空间。打扫起来方便，又不用花时间找东西，除了育儿，还有时间兼顾烹饪、打网球等自己的兴趣爱好。”A 子女士如是说。

RULE 01

买同样款式的收纳盒

1—3 在较大的没有分隔的收纳空间中运用收纳盒，根据物品种类的不同贴上标签，收纳盒统一使用宜家的。“拉开柜门特别整齐，可以提升格调。”

RULE 02

对于厨房用品，比起数量，品质更重要！限制数量，管理更轻松

A. 每天都要使用的糖、盐、海带，放在固定位置。为了防止受潮，将它们放在密封的容器中。有盖的碗，可以当作密封的容器使用。

B. 使用“无印良品”的抽屉，可以充分利用橱柜深处的空间。保存容器、便当盒、塑料袋，1个抽屉放1个种类。

C. 餐具都放在B和C里。考虑到洗碗机的形状，为了便于取放，餐具都选择“iittala”的。“碗可以用来盛大酱汤、沙拉等，很方便。”

D. 我喜欢用的“geo product”不锈钢锅。用小苏打就可以擦干净，热传导率也高，可以节省燃气费。

E. 大米、黄油都放进密封的容器中。因为每天都要使用，为了便于取用，不能放在台面上。里面的盒子，用来装使用频率低的豆类。

为了回到家马上就可以开始做饭，物品不能散乱在台面上。参考网上、杂志上的功能介绍，斟酌之后再购买厨房用具。“买了就打算长期使用，贵点也不要紧。”

RULE 03

物品占用收纳空间不能超过八成

4—5 为了保证在客人突然来访时能够马上将散乱的物品塞进去，柜子里要保持一定的空余。连衣裙、非当季的衣服用罩子套起来。6. 包放在衣物收纳盒中。7. 在有一定深度的衣物收纳盒中使用挡板，便于物品的取放。8. 可以放置空篮子，用于随时收纳各种物品。

RULE 04

孩子的物品还不到可以以旧换新的时候，要将数量控制在最低限度

9. 教科书和其他图书使用 1 个架子。这里放不下了，就要重新整理。10. 外衣、内衣、手帕等，一天之中需要用的集中放在 1 个盒子里。“一共只有 4 套，够用了。”11. 乱糟糟的孩子的学习用品、衣服，都收纳在有柜门的大型柜子里。

家中使用沉稳的色调和样式简洁的家具，尽管面积只有大约15平方米，但是看起来很宽敞。

{CASE 10}

在家具的配置和物品的摆放位置上下功夫，丈夫和孩子一起帮忙整理，1LDK也能保持整洁

Aki 女士

公司职员

住宅：1LDK的公寓

家庭成员：丈夫、儿子（2岁），三口之家

博客：Living Small

http://livingsmall.blog.fc2.com/

创造家人都可参与整理的环境

工作、育儿使Aki女士每天都非常忙碌。尽管每日打扫、整理房间的时间有限，但是正如大家看到的，她的家非常整洁。“在家具的配置和物品的摆放位置上下功夫，就可以避免到处乱放，同时可以将收拾整理的时间缩到最短。收纳方式要尽可能简洁，要考虑一个让家人都很方便的构架。”

比如，丈夫也会进入的厨房。食品、调味品的收纳集中在一个地方，可以减少找东西的时间。再如，将丈夫的衣服收纳在洗衣间，洗衣、收纳都在一个地方。孩子的玩具等，通过指定位置、贴标签等方法，使2岁的孩子也可以自己进行管理。

“整理收拾房间不再是我一个人的事情，压力减轻了很多。周末也不再全用来收拾屋子，可以享受和家人一起休闲的时间。经过休息，新的一周可以更努力！”

RULE
01

大人和孩子的物品都放在指定位置，防止散乱

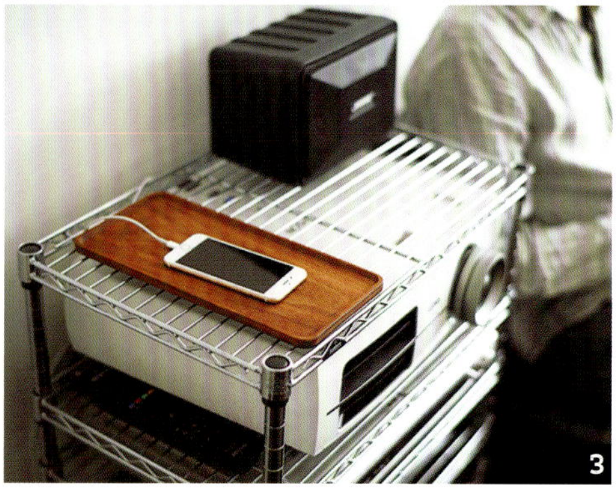

1. 孩子能够到的下面 3 层，放玩具。使用 6 个盒子进行分类，用完后自己放回原处，正面贴上玩具的照片。“宜家的盒子不容易变形，且方便搬运，值得推荐。” 2. 用靠垫来挡住颜色鲜艳的绘本。在自然地挡住书架的同时，还可以令沙发显得很时尚。3. 容易乱放的智能手机，固定放在充电的地方。使用木质托盘，就不会显得杂乱。4. 为了减少多余的行动，餐桌和沙发布置成同一方向，从起居室到厨房的行进路线是一条直线。

RULE 02

不要塞太多，不用叠，不费事就可以整理

5. 孩子的上衣全部用衣架挂起来晾干，晾干后直接挂进衣橱。因为不需要费事地叠起来，丈夫也会帮忙。6. 非当季的衣服，使用了上门干洗的保管服务，不在家中。狭小的空间也并不显得拥挤，衣物很容易取放。最前面的篮子里放的是睡衣。

5

6

RULE 03

物品不会用完不归位的秘诀，是收纳位置必须取放方便

7. 水槽下方的抽屉。使用单手就能抽出来的纸巾，烹饪速度可以得到提高。8. 开封的食品、调料统一放进冰箱。“打开冰箱，所有物品都在里面，丈夫也能找得到要用的物品。”同时便于管理库存。9. 没有拿出来不放回原位的物品，厨房非常整洁。“只买必要的物品，并且要选择可以一物多用的类型。”

8

7

9

无印良品、宜家还可以在这些地方派上用场

关于不同收纳位置和不同种类物品的收纳点子

衣橱、起居室、厨房三大容易造成混乱的场所，根据不同的收纳用途，使用无印良品、宜家的商品，不擅长收纳的人也可以将房间收拾整洁！

{CLOSET}

衣橱的收纳

这样的人适合用无印良品

□希望收纳用品适合衣橱的尺寸

无印良品的商品都是依照标准尺寸开发的，可以正好放进衣橱。

□希望将各种物品细致地分类收纳

无印良品的商品有深型、浅型等各种尺寸，还有可以用于细致分类的小物品盒。

□喜欢外表整洁美观的收纳风格

同系列的可以堆叠使用。不同材质的系列尺寸也可以互相搭配，外观非常整洁。

衣橱的设计方法

●上层

使用轻便柔软的材质

布质的盒子，放在高处既便于取放，安全性也高。衣橱内部不容易进灰尘，所以推荐使用没有盖的款式。

●中层

下装不要叠，挂起来

上装都挂在铝制衣架上。下装使用相同材质的 3 层衣架挂起来，既有一致感，又节省空间。剩余的空间用来安置放包的架子。

●下层

根据衣物的长度进行设计

根据衣橱的宽度和挂起来的衣服的长度设置抽屉。选择符合收纳物品尺寸的商品进行组合。利用衣服与抽屉之间的空隙，放一个篮子来收纳皮带等物品。

无印良品式衣橱展示

预留一些空间，衣橱美得“令人想一直盯着看”

衣服塞得过多不利于取放，无法把握自己都有些什么衣物，所以要坚持将衣物数量控制在能放进衣橱的程度。看着也很美观！

怕出褶皱的衣服都挂起来。衣架是宜家与 MAWA 的商品，衣服根据颜色排列，容易选择。

置一个抽屉，专门用来放不再穿的衣服。积攒到一定程度后拿到二手市场去。

1. 中号长方形涤纶棉麻混合软盒（长 26cm× 宽 37cm× 高 26cm）1112 日元
2. 裤子、裙子专用三层铝制衣架 973 日元
3. 铝制洗衣用衣架（3 个一组，宽约 41cm）297 日元
4. 涤纶棉麻混合包架（长 70cm× 宽 15cm× 高 35cm）1389 日元
5. 中号叠放式藤条四方篮筐（长 16cm× 宽 35cm× 高 36cm）3241 日元
6. 小号抽屉式聚丙烯收纳盒（长 18cm× 宽 34cm× 高 44.5cm）926 日元
7. 大号抽屉式聚丙烯收纳盒（长 24cm× 宽 34cm× 高 44.5cm）1112 日元

根据使用频率来划分收纳区域

上班用的衣物集中在壁橱的上层。开单侧的柜门就可以拿到需要的物品，忙碌的早上可以节约很多时间。

壁橱有一定的深度，前面当作衣橱，后面用来收纳过季的衣服和玩具等，注意要充分利用空间。

休息日用的衣服全部放入下层。抽屉不要塞满，留一点空间反而便于取放衣物。

无印良品式衣橱展示

多用一些尺寸不同的组合式收纳工具

工具、手工艺品等尺寸不同的零散物品，要用尺寸丰富的收纳组合来整理。“无印良品”就可以满足这个需求！

缝纫工具、饰品的零件、文具等零散物品，分类收进抽屉。贴好标签，一目了然。

容易堆积的贺年卡。“只保存3年的量”，用1个抽屉保管。

合理利用墙壁，便于外出前做准备工作

外套、提包等家人出行的必需品集中放置。合理利用墙面，最大限度发挥小空间的收纳能力。

侧面的墙上设置挂钩，用来挂孩子的书包。孩子使用的东西，要让孩子清楚物品的收纳位置。

每个家庭成员占用一层抽屉。在手工制作的标签上写清姓名、贴上照片，不用担心找不到物品。

这样的人适合用宜家

□家中有很多体积大的物品

由于是国外厂家，所以制造的收纳容器尺寸都很大，便于收纳提包、帽子等。

□不擅长仔细分类

有很多盒子类的商品，可以不限定物品的用途，适合喜欢把东西一股脑儿放进去的人。

□希望选用自己喜欢的颜色和设计

北欧风格是宜家商品的魅力所在。根据物品不同使用不同的颜色，可以替代标签。

衣橱的设计方法

●上层

根据取放的便捷程度进行选择

将有纵向提手、便于取放的收纳盒排列起来，收纳比较占地的物品。在旁边的小空隙里，再放一个便于掌握内部物品情况的有小窗的盒子。

●中层

以分隔为主

帽子、提包等需要占用空间的物品放在右侧的隔间中。既便于掌握其中物品的内容，又方便搭配。下面 2 层放 2 个抽屉，收纳首饰等物品。

●下层

抽屉内部粗线条收纳

宜家的抽屉比较少，给大家推荐“ALGOT”推拉非常顺畅的钢丝篮，透气性很好。四层均为同尺寸，换季时整个抽屉进行替换，很方便。

1. SKUBB 收纳盒：粉色、3 个一套（长 33cm× 宽 31cm× 高 34cm）/1388 日元
2. HYFS 收纳盒：灰色（长 11cm× 宽 30cm× 高 56cm）/1203 日元
3. SKUBB 收纳挡板：粉色、6 个一套（长 125cm× 宽 35cm× 高 45cm）/925 日元
4. SKUBB 带挡板收纳盒：粉色（长 11cm× 宽 34cm× 高 44cm）/925 日元
5. BAGIS 衣架：白色、4 个一组 /92 日元
6. HYFS 收纳盒组合：灰色（长 11cm× 宽 40cm× 高 35cm）/1664 日元
7. ALGOT 挡板：白色（长 70cm× 宽 41cm× 高 60cm）/1018 日元
8. ALGOT 收纳架顶层挡板：白色（宽 41cm× 高 55cm）/741 日元
9. ALGOT 白色钢丝篮（长 14cm× 宽 38cm× 高 60cm）/324 日元
10. KVARNVIK 收纳盒：灰色、3 个一套（大：直径 29cm× 高 15cm 中：直径 22cm× 高 12cm 小：直径 15cm× 高 9cm）/1573 日元

全部为宜家商品

宜家式衣橱展示

利用收纳工具防止零碎物品散乱

A.将房间的一个角落作为收纳空间。使用小抽屉、文件盒等，收纳尺寸各异且容易散乱的小物品。B、C使用宜家的PAX系列。因为它可以根据房间大小和收纳衣物种类的不同进行调节，所以很受欢迎。除了裤子外，还有用来收纳领带、皮带等小物品的抽屉，既节省空间，又能提高收纳效率。

灵活利用可进行粗略分类的万能收纳盒

D. 在玄关旁较大的空间里设置一个大型的架子，用来收纳储存的生活用品等。轻便且容积大的宜家的 SKUBB 系列可以发挥很大作用。E. 大盒子可以用来装比较占地方的纸质品。标签上只写“生活用品”，不要过分地细致分类。F. 收纳朋友遗忘的物品、需返还的物品等的盒子。G. 提包、化妆包等集中收纳在大盒子里。外面贴上照片，这样家人就不会弄混里面的物品。

{LIVING}

起居室的收纳

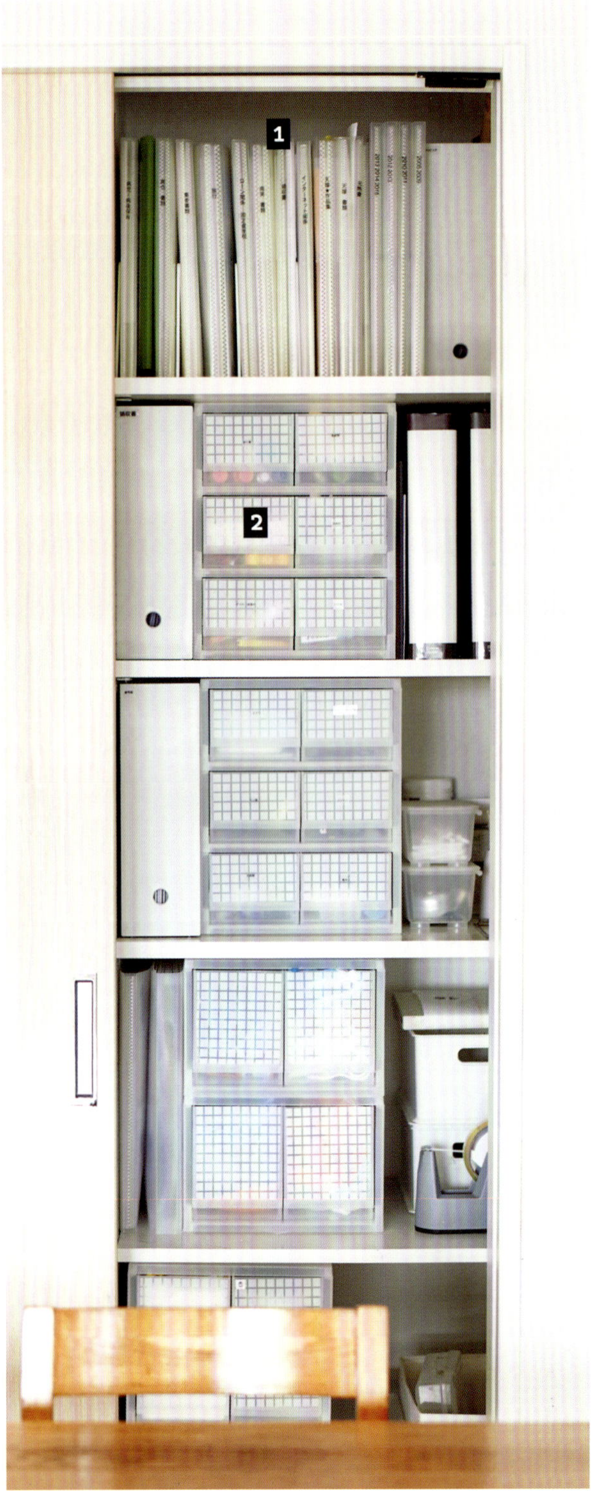

使　用
说明书

简洁的款式最好用

资料全部放进无印良品的简便文件夹中保管。颜色太多的话，会显得混乱，这种文件夹外观和功能都很简洁，非常好用。

文　具
类

使用小抽屉便于分类

笔、剪刀等小物品集中放在一起，孩子们找起来有些困难，所以使用小抽屉式的收纳盒进行分类。放在孩子容易取放的中部位置。

零 食

收纳要便于孩子取放

用起居室柜子的一个抽屉专门收纳孩子的零食。将小点心放进玻璃容器、盒子里，便于取放。

书

漫画、小说、杂志等，根据类别分放在不同的层

宜家的收纳架可以统一收纳纸质物品。漫画、小说、杂志等，根据类别分开放置。书籍使用图书收纳盒，使用说明书、工作相关资料等需要仔细分类。

玩 具

放在小容器中防止散乱

A. 扔掉拼图玩具的外包装，将它们放进有拉链的袋子，可以防止拼图丢失。B. 放游戏机的篮子，最大的特点是电源的电线可以从提手处穿过来。C. 零散的小玩具放在透明的瓶子里。

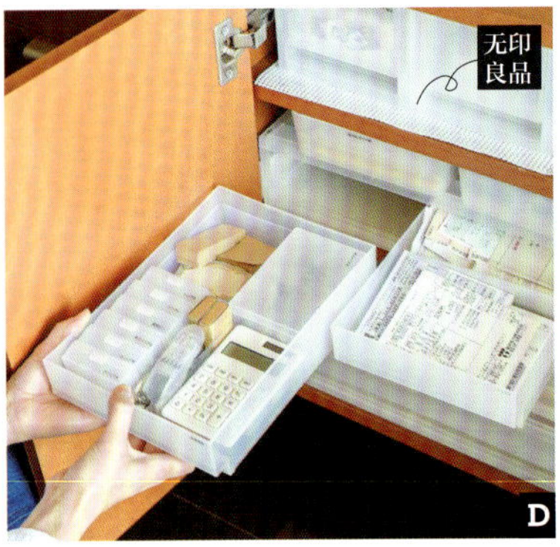

纸 类

利用零碎的时间进行整理

D.收据、明细等需要暂时保管的物品放进抽屉式的盒子里。没处理的放在前面，处理过的放在后面，超过一定时间就扔掉。E.积分卡、名片放进有分格的盒子。用硬纸做一个索引，根据每个项目马上就能找到收纳位置。看着电视，趁播放广告的时间就可以轻松整理。

饰 品

收纳在盒子里，注意不要叠放

F.配合当日的服装需要选用的饰品。收纳在无印良品有分格的透明亚克力盒中，不用特意去寻找，就能取用。G.眼镜、太阳镜等收纳在无印良品的抽屉式收纳盒中。因为盒子有一定宽度，眼镜正好可以排列在里面，看着很整齐。

用箱子、袋子隐藏起来

H.将乱糟糟的电线放进文件盒，可以防止吸尘机器人把它们卷进去。I.游戏机等的充电线，集中放在有盖子的盒子里。J.偶尔使用的电子设备的电线，收纳在有拉链的袋子中，袋子外面标明里面收纳了哪些物品。

{ ENTRANCE &LAUNDRY }

玄关、洗衣间的收纳

在换衣间进行衣物收纳，洗涤、收纳一步到位

换衣间旁边的嵌入式柜子用来收纳衣物。从洗涤到收纳，流程顺畅，连不擅长做家务的丈夫做起来也很轻松。下面是放脏衣服的盒子，可以直接拿去洗涤。

马上要扔的物品不要拿进房间

不要的纸质品不要拿进起居室，放在玄关处的简洁的盒子里，当作垃圾箱使用。在玄关进行垃圾分类，很快捷！

在玄关处理印刷品广告、邮政物品

在玄关准备碎纸机和纸袋，纸质垃圾可以在这里进行处理。不要的印刷品广告直接放进碎纸机，其他的放进纸袋。

{KITCHEN}

厨房的收纳

尺寸、用途不同的物品进行分类收纳，防止失踪

A. 白色的厨房专用隔板是从“pamouna”购买的。上层的架子上组合使用了“nitori”和“无印良品”的盒子，按照用途收纳小物件。关上柜门，从起居室的方向看过来也不会碍眼。B. 散乱的便当用具，使用无印良品的 PP 盒子。使用隔断分类，就会很整齐。C. 海绵、饮茶用具等，根据用途分组，使用时连带盒子整体取出，很方便。

便当用具

小物件

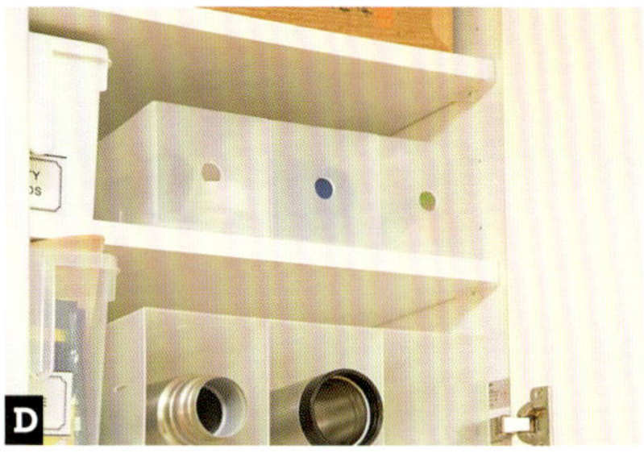

一起使用的物品分组收纳

D. 将水杯一个一个地倒着放进带隔板的盒子。这样取放时不用担心物品倾倒。E. 用文件盒收纳寿司桶。和扇子归为一组，放在餐柜的上层。F. 叉勺放在 4 个连体园艺壶中，使用时整体提走。

厨房用具

干货

活用文具收纳盒，将它们立着收纳

使用带拉链的无印良品的 EVA 盒子，分类收纳。容易显得杂乱的干货，立着放在盒子里，便于管理。

盘子

用书立来隔断

对于大小不一的餐具，推荐这种一目了然的收纳方法。使用书立，取用方便，注意餐具不要堆得太多。

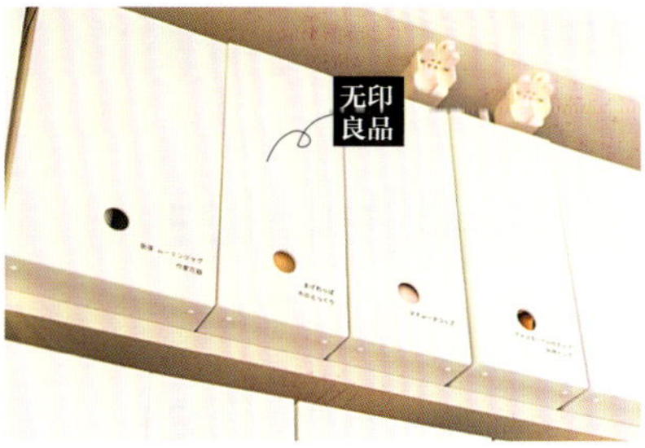

玻璃

使用文件盒可以仔细收纳

平时不常用的葡萄酒杯，放在吊柜上层的文件盒中，可以有效利用收纳空间。盒子上有放手指的圆孔，便于取放。

COLUMN 2

稍加采用，马上不同

布置漂亮房间的方法

在中级篇中我们将教授小摆设的挑选方法和装饰方法。确定了自己的喜好后，可以有意识地装点出时尚的感觉。

希望大家能记住

中级篇

RULE 01

统一风格

物品再多，使房间看起来整洁的秘诀就是统一装饰的风格。下面介绍 3 种高人气装饰风格的要素，以有代表性的实例来进行说明。

北欧

关键词

- 自然材质和主题
- 蓝、红、黄等颜色
- 几何图形

以“ARABIA”的餐具和“Marimekko”的布纹为代表，植物花纹是北欧风格的象征。白桦质地的篮子等，以自然材质居多。纺织品中，几何图形的花纹很多，尽管颜色艳丽，但是款式固定，看起来并不杂乱。

法式

关键词

- 褪色、掉漆
- 灰白色
- 金色的配色

象征着有些过时的世界观。与北欧使用蓝、红等强烈色彩形成对比，法式风格也使用自然主题，但是整体颜色稍淡。例如，很有人气的“Astier de Villatte”的陶器，暗淡的白色就是其显著特征。

复古

关键词

- 单、黄褐色
- 钢铁等不风雅的材质
- 英文字母主题

此风格会令人联想到美式复古
与其他两种风格相比，没有什
色彩，以大号的英文字母为主
是它的特点。深色的木头和钅
组合，给人不够风雅的印象，
是款式简洁，又有便于取放
点，最近深受女性喜爱。

RULE 02

制作有魅力的框架

将物品一股脑儿地塞进去，会给人混乱的感觉，所以收纳量要保持在七成。将它们装饰在视线容易到达的位置，既可以保持收纳的作用，也可以给房间增色。

采用自然材质的装饰

放一些多肉植物等自然的物品，架子上的物品即便多一些，也不会给人留下杂乱无章的印象。如果觉得不容易购买，可以用假花、河上漂的木头等代替。

照片像拼贴画一样装饰

家族照片最容易体现生活
气息，如果是旅行途中的
照片，可以和飞机票的票
根等勾起回忆的物品一
起，做成拼贴画装饰在房
间里。

将物品装入玻璃瓶等地方，可以减轻杂乱感

颜色较鲜艳的物品可以放进玻璃瓶、钢丝篮等，这样可以与室内装修风格相统一，减轻杂乱感。

越是显眼的位置，越要高低错落

为了让装饰品更显眼，物品摆放要错落有致。相反，在收纳空间中，高度要保持一致，才能降低存在感。

越往下分割，区域的面积越大

中层分 4 个区域，下层分 3 个区域，离视线越远的位置，分割的区域面积越大。这就是使房间看上去整洁的诀窍。

相同的物品不要固定在一个地方，应分开摆放

钢丝篮这样相同种类的收纳工具，集中放在一个位置，虽然看起来很整齐，但是很生硬。要很巧妙地分开摆放。

RULE 03

一边隐藏物品，一边装饰房间

不想被外人看到的物品要巧妙地隐藏，形成一种没有杂乱感的收纳方式。重点是要仔细隐藏，把架子的一整层都用布盖住或使用过大的收纳盒等，这种在视觉上起到负面效果的方法都要避免！

右上图：“Pilier”的收纳篮，做成腰包的形状，便于隐藏物品。左下图：将盒子摞起来也是一种收纳方法。颜色、形状统一就好，还可以应用在鞋柜里。右下图：可以用布来隐藏里面的物品，要将布很自然地盖在篮子上，不做作。

轻松整理的策划安排

5 位收纳达人的房间

在书籍、电视上很有人气的 5 位专业收纳人士的房间，有很多无印良品、宜家、Seria 的商品。我们来介绍使用这 3 个品牌的产品轻松整理房间的方法。

起居室和餐厅使用的全部是无印良品的架子。架子可以配合座位给每人分一个区域。桌子里面的沙发是吉川女士的，旁边是她的丈夫的，对面是孩子们的位置。“架子离座位很近，取放很便利。”

4 个人生活在 52 ㎡中也很整洁

不被流行趋势左右，根据自己的生活需要购买无印良品的产品！

吉川永里子女士

（现居住于东京）

2008 年开始成为收纳顾问，提出“收拾整理是走向无压力生活的捷径”的口号，从职业女性的角度提出收纳建议。

http://roomandme.net

收纳达人

NO.1

谁都可以轻松使用的简单明了的整理方法

吉川女士作为专业收纳达人活跃在杂志和电视上。平时她经手很多收纳用品，其中她用起来最顺手的是无印良品的收纳系列。

“家中 52 ㎡中，住着 4 口人，通过反复试验，让生活变得整洁。我经常会补充购买家具、更换收纳箱，虽然中间有时间差，但是无印良品的保留商品很多，规格也不会变，非常方便。”

无印良品的收纳商品无论是使用方法还是适用场所，范围都很广，利用各种商品可以快速完成收纳，这也是它的魅力所在。

“不需要特别细致地分类，也不需要什么特殊的技巧，就可以迅速完成收纳。连 3 岁的小儿子，都不用我特别教他什么，自然就知道物品使用完毕要放回原处。”

便于整理的结构 1

除了案头工作需要使用的物品，其他物品不要拿进来

丈夫看的书

孩子们的学习用书

在桌边设置各自的空间

1. 放进コ形的架子，合理利用空间。2. 为了不妨碍孩子们从架子里取物品，桌子放在架子右端。这里收纳孩子们的学习用品。3. 文件都通过 A4 文件盒和索引仔细管理。4. “钢制的コ形架子很结实，用来放电脑、书都可以。”

吉川女士的工作用品

公共角

大家一起使用的物品放在架子最显眼的位置

5. 印刷品广告、账单等物品的临时收纳场所。下面的托盘计划用于存放孩子们的卷子等。6. 右端的抽屉里是文具。“我选择了比较浅的抽屉。如果太深，物品摞在一起，找东西会很费时间。”7. 盒子外面写清里面收纳了哪些物品，很容易掌握什么物品在什么位置。

只要回身，就可以完成准备工作

“吃饭前的准备不用挪动一步就可完成。因为对餐具、电饭煲的收纳下了功夫，准备时间缩短了很多。”

将托盘放在吧台上

回过身盛酱汤

横向移动盛饭

1

2

3

4

便于整理的结构 2

收纳在“只需要走半步就可以取放物品”的地方

因为忙碌，所以必须在“一步到位”上下功夫

1. 在烹饪台的水槽旁设置垃圾桶，厨房的家电都集中摆放在插座旁边。2. 经常使用的厨房工具挂在不容易横着乱晃的挂钩上。3. 玻璃杯不要收起来，直接摆在外面。4. 在比较深的抽屉里使用文件盒。“从上方就可以确认库存情况。”

5

便于整理的结构
3

实现“可视化”，让孩子可以自己收拾

玩耍的时候记住固定的收纳位置

5. 选择可以看见里面物品的收纳工具。“孩子玩儿的时候可以认识到物品应该摆放的位置，整理时就变得很顺利。”6. DIY 专门收纳迷你车的架子。“以前早上孩子会把各种玩具拿出来玩儿，现在他们只玩儿迷你车，整理的时间缩短了很多。”7. 玩具集中收纳在孩子房间的一角。

6

7

便于整理的结构
4

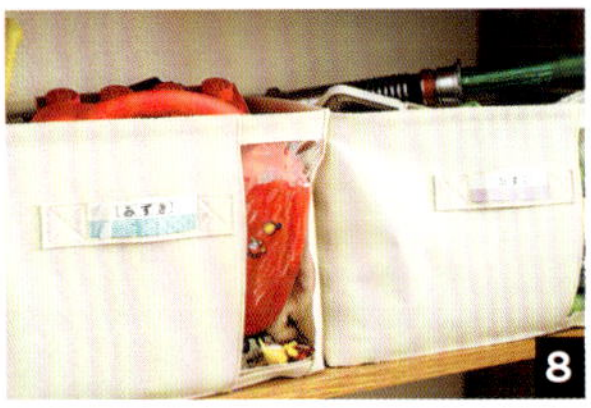
8

9

10

11

两个孩子各自有属于自己的颜色

使用不同颜色的贴纸来区分

8. “比起文字来，人更容易靠颜色来识别物体，我家就利用这一点进行收纳。先确定各自的颜色，在收纳工具上分别贴上贴纸，用的是可以撕得很干净的贴纸。” 9. 挂着衣服的衣架，也在显眼的位置贴上贴纸。10. 根据身高，上层的抽屉给长子用，下层的给次子用。11. 白色的网眼抽屉是宜家的 ALGOT 系列，我喜欢它的容易推拉的特点。

便于整理的结构
5

12

13

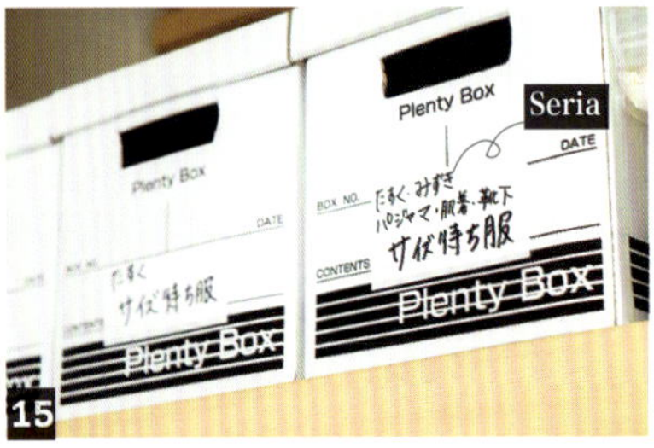

15

1

不要前后摆放，全部横向排列

让专用的优秀收纳工具成为自己的伙伴

12. 在衣橱收纳中最起作用的是衣架。将它们挂在壁橱的横杆上，收纳空间倍增。吉川女士使用的是 Umbra 的双挂杆衣橱。13. 折叠门只要打开一半，就可以完成装扮。右侧是吉川女士的空间，左侧是丈夫的空间，中间挂一个除湿袋作为分界标记。衣架统一用既防滑又方便拉动的 MAWA 品牌。14. 尺寸太大、现在还不能穿的孩子的衣服，收纳在上层的架子里，使用的是既轻便容积又大的 Seria 的 Plenty Box。15. 宜家的衣物收纳盒要放在中间，这样才便于取放衣物。

“做事前还要先收拾”是烦躁的根源

创造一个不需要多余动作的结构，减少做家务的时间

本多 Saori 女士

（现居住于埼玉县）

整理收纳师。和丈夫、不满 1 岁的孩子三口之家住在厨房与起居室分开的两居室里。她主张的不需要费力就可以保持整洁的简便的居家结构受到好评。近作有《使于做家务的居家结构》等（mynavi 杂志）。

因为需要用的物品就在手边，所以做家务很便捷

本多女士生活在紧凑的房间里，为了适应狭小的收纳空间，她采取了“固定物品摆放位置、减少多余行动”的收纳方法。比如，以冰箱的位置为中心，就可以走遍全屋，在洗衣机前就可以将清洗完的衣物挂在衣架上直接拿到阳台。针对空间狭窄的问题，在缩短距离和缩短时间上下功夫。

“做家务是很增加精神压力的事情。为了做一件事还需要不停地拿东西、走来走去、躲避房间中的物品，会令人非常烦躁。将打扫卫生的工具放在行动必经之处，可以顺手做家务。”

便于整理的结构 1

使用物品的位置和放置物品的位置不要分开

需要一起使用的物品集中收纳

左图：桌子下方的架子上收纳的是坐在沙发上经常会使用的物品。杯垫放在盒子里，喝茶的时候便于准备。右上图：指甲刀和早上需要使用的化妆品放在一起。右下图：丈夫的笔记本电脑和电源线放在一起，用布盖上。

将沙发的扶手变成迷你书架

在沙发扶手上放一个木箱，收纳正在读的书和杂志。木箱侧面固定放置空调的遥控器。容易倒塌的袖珍版文库书放在篮子里。

把还在犹豫是否要扔的物品暂时保管在盒子里

是扔是留，还处于犹豫阶段的物品，暂时保存在纸箱里，有时间再整理。因为不需要马上整理，所以可以用轻松的心情来收拾。把它们集中在一个地方保存，收拾起来也方便。

文件只保留能装进文件盒的数量

工作相关的文件放进贴有标签的文件盒。要控制数量，不需要的资料集中扔掉。不用看里面也知道资料的内容是什么，处理起来比较方便。

便于整理的结构 2

单手就可完成的饭前准备工作

预先准备

从带轮子的盒子中取出需要使用的根茎类蔬菜

比较沉的根茎类蔬菜放进带轮子的盒子，放在水槽旁边的橱柜下方。使用时单手就可以拉出来、推进去。开放式的盒子通风性也很好。

拿取挂在灶台旁的平底锅

每天都要使用的平底锅，挂在灶台上方抽油烟机风斗上的S形挂钩上。使用时单手就可以取下，直接放在灶台上。烹饪后洗干净，简单擦拭，再挂上去晾干。

烹饪

将色拉油灌进可以单手使用的容器

灶台后方集中放置油壶等厨房用具。常用的色拉油，装在油壶中，放在伸手就能拿到的位置。使用时不用拧开盖子就可以倒油，单手即可完成。

盛饭

每天使用的餐具放在水槽上方

平时常用的餐具放在水槽上方的檐上。用コ形架子分成两层，取用方便，收纳能力提升！

灵活运用柜门，可提高家务效率

塑料袋、抹布放在布袋中

挂在柜门上的布袋，用来收纳经常使用的塑料袋和抹布。因为从外面看不到内部，所以塑料袋团起来塞进去就可以，能装很多东西。

用文件盒收纳轻薄的物品

用强力双面胶把从100日元店买的文件盒粘在柜门内侧，可以增加收纳量。用来收纳容器的盖子、没有合适的收纳位置的轻薄的物品。

柜门专用收纳工具用来插放保鲜袋等物品

水槽下方的柜门内侧是非常宝贵的收纳空间。可以挂在柜门上使用的钢丝篮、迷你筐，用来收纳密封式保鲜袋、一次性筷子等。单手就可以取出来。

不用移动，早上就可以换好衣服

选衣服

从壁橱中央的盒子里取出内衣

处于日常行动必经之路上的壁橱中央上层，放的是每天必用的内衣。抽屉里也用盒子进行分类，不用找来找去。

选择挂在惯用手一侧的衣服

放内衣的抽屉右侧设置一根横杆，选出 12 件衣服挂在上面。这样集中收纳，避免挑选衣服时产生犹豫。其他的衣物收进左侧的衣物盒。

穿衣服

脱下睡衣，直接收起来

连接起居室的门边，放着用来收纳夫妻二人的睡衣的盒子。白天、晚上都要用，所以将睡衣轻轻叠一下放进盒子就好。

拿起放在起居室的提包

工作用的提包，放在外出前后必经的工作间的椅子上。“这里有工作所需的全部物品，准备起来也方便。”

便于整理的结构 3

根据使用频率变更收纳位置

A. 在房间的角落，很少经过

因为在房间深处，取放物品会增加多余的行动，所以用来收纳使用频率低的物品。不怎么用的与工作相关的资料等，放在壁橱最右侧的盒子里。

B. 在房间走动时必定会经过的地方

去起居室、卫生间时必定会经过这里，所以用来收纳每天必用的衣服、熨斗等。取放不方便的壁橱深处的位置，用来放非当季的外套，为了从外面可以看到，要挂在横杆上。

便于整理的结构 4

想用的物品一眼就能找到，可以马上取出

根据物品进行分类收纳

收纳盒中使用无印良品的布质分格盒，将 T 恤、开襟衫、内衣等根据种类分别立在里面。一打开抽屉，就能知道哪件物品放在哪里。

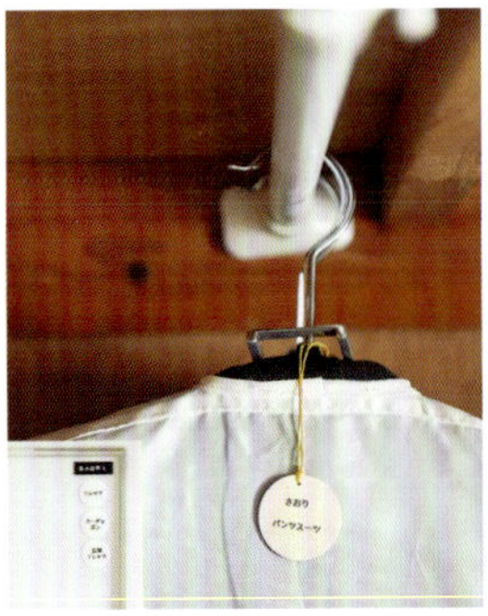

看不见的物品外面贴上标签

装进收纳盒、衣物袋的物品，因为看不到里面，所以外部要贴上标签进行管理。不用打开看里面，就可以知道物品收纳在哪里，取放时不会犹豫。

去往卧室 4
去往阳台 3

只要有这个，谁都可以效仿

门框上端横木挂钩

不会损伤横梁的挂钩，在租住的房屋里也可以放心使用。合理利用空中的空间，扩大使用范围。

不需要多余的行动就可以晾衣服　　清洗→收纳

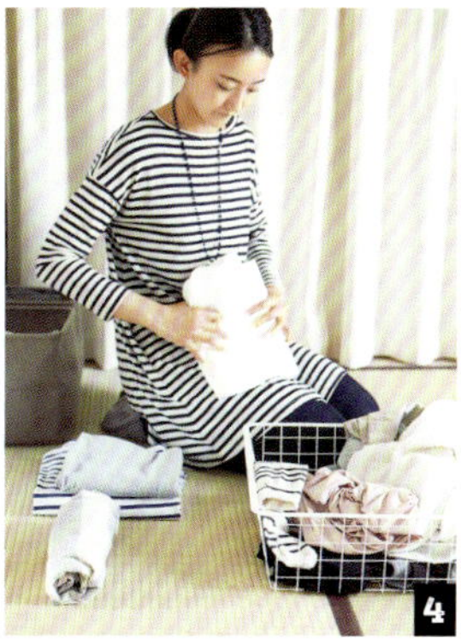

清洗
拿取灌进容器的洗涤剂

将袋装的洗衣粉倒进珐琅容器，放在架子上。可以轻松拿到，用起来方便。因为替换了容器，卫生间里统一为白色，提升了清洁感。

利用帘轨，马上就可以将衣服挂起来

洗涤结束后，利用安装在天井的帘轨，将衣服挂在洗衣机两旁的衣架、晾衣夹上。然后再拿到阳台上。

收衣服
卸在篮子里进行分类

从阳台将晾衣夹收回来后，挂在厨房门框上端的横木上。将篮子放在下面，把衣服都卸在篮子里。毛巾直接叠好放入卫生间的抽屉。

在有壁橱的卧室叠衣服

将装有干净衣物的篮子拿到卧室的壁橱前，叠好后分别放入指定的收纳位置，忙的时候可以将篮子整体放进壁橱，有空的时候再叠。

便于整理的结构 5

清扫工具放在容易取用的位置

手提式吸尘器放在家的中心位置

洗衣机旁边安装一个挂钩，这里基本是家的中心位置，连接着所有的房间，将手提式吸尘器收纳在此处，随时都可以使用。

用纸巾“顺便”清洁镜面

洗脸池旁边常备酒精喷剂和纸巾。刷牙的时候可以顺便清洁镜面和洗脸池。

收纳达人
NO.3

丈夫和孩子不擅长整理也不要紧

组合收纳，不会被问“那个东西放哪儿了？”

小西纱代女士

（现居住于兵库县/45岁）

整理收纳咨询师。四口之家，与丈夫、上大学的长女、上高中的次女一起生活。开设了一个“神户小小的收纳教室”。著作有《纱代的爱上整理的收纳教室》（宝岛社）等。

A. 小西女士的衣橱。全年的衣服就控制在这么多件内，防止过度购买。换季的时候只变换收纳位置。B. 长女的工作服装、后来服都自己处理。"自己做"衣物管理，是小西女上家的原则。C. K女上大学以后衣服井始多起来。"最近井始向我借衣服了。" D. 次女还是高中生，因为有校服，所以自己的衣服较少。她的衣橱里很整洁，喜爱收拾这点得到了我的遗传。

不再需要花时间找东西，自己和家人都很轻松

小西女上在家中开设的收纳教室和她的著作都很受欢迎。小西女士开始关注收纳的原因，是房子翻新令她注意到了家中过多的物品。“以前我对收纳就有兴趣，但是比起收纳技巧来，我更热衷于收集收纳工具，现在只是注意了整理。”

对于不依靠工具的收纳方法进行过思考后，小西女士得出了“在使用物品的地点对需要使用的物品进行组合收纳”的结论。例如，胶带和剪刀放在同一个抽屉里，衣橱里同时收纳饰品，这样一来家人也不会频繁地问东西在哪里了。

收纳变得简单明了后，自己和家人都感到生活很轻松，最终的结果是节省了时间。“我的学生中也有很多人摆脱了家务的负担，人生发生了很大的变化！”小西女士如是说。

便于整理的结构 1

1

衣物、饰品都进行组合收纳，可迅速完成穿衣打扮

在衣物收纳盒的上方设置饰品收纳角，项链挂在 S 形挂钩上，耳环、戒指放在首饰盒里。

2

使用书立，减轻取衣服时的压力

使用书立进行分格，将衣物立起来分类收纳，拿取时也不会乱。

3

附属品贴上标签集中收纳

所有家庭成员容易丢失的备用扣子、相同的布料等，都集中保管。

4

衣橱深处用来收纳服饰

衣服后面的位置用来挂皮带、帽子等。活用衣橱深处的空间进行收纳。

5

容易丢失的贵重物品使用托盘保管

“丈夫一进家门，会先把手表和领扣放在这个托盘里。”这已经成为他的习惯。

6

居家服不收起来，而是放进篮子

丈夫回家后要穿的居家服，放在专用的篮子里。可以迅速更换衣服。

7

清理衣物的用品放在衣橱深处

粘毛器、刷子、剪新衣服标签的剪刀，集中放在衣橱深处，除湿炭装进袋子。

8

将宜家的盒子竖起来，可以收纳高跟鞋

长女的衣橱里本来应该横着使用的鞋盒，“竖起来可以放高跟鞋，和架子的尺寸也很匹配”。

9

准备一个专门用来储存发饰的篮子

容易丢失的发饰放在篮子里，手表等也可以扔进来。

10

包中放包，可以节省空间

次女的衣橱里远足用的背包中收纳平时不常用的包，诀窍是不占用过多的地方。

一个抽屉用来收纳上学用的东西

为了在忙碌的早上不慌乱，上学用的长袜、手帕都集中在一个抽屉里。

11

{LIVING}

便于整理的结构 2

为了在着急的时候也能迅速拿出物品，收纳要紧凑

平时常用的文具保持必要的数量

严格挑选常用的文具，排列在盒子里，不放多余的物品才能保持整洁。

装进袋子里直接拿去作纸回收

旧报纸装进袋子里，废纸回收的时候就很轻松。花点小工夫就能节省大时间。

就诊卡和母子手册使用同一个索引

接种疫苗需要使用的母子手册与医院的就诊卡放在同一个文件盒里，突发疾病也不会慌乱。

相机与镜头、充电器并排放在抽屉里

“拉开抽屉，会看到‘相机和相关零件在一起’，需要用的时候就不会犹豫。”

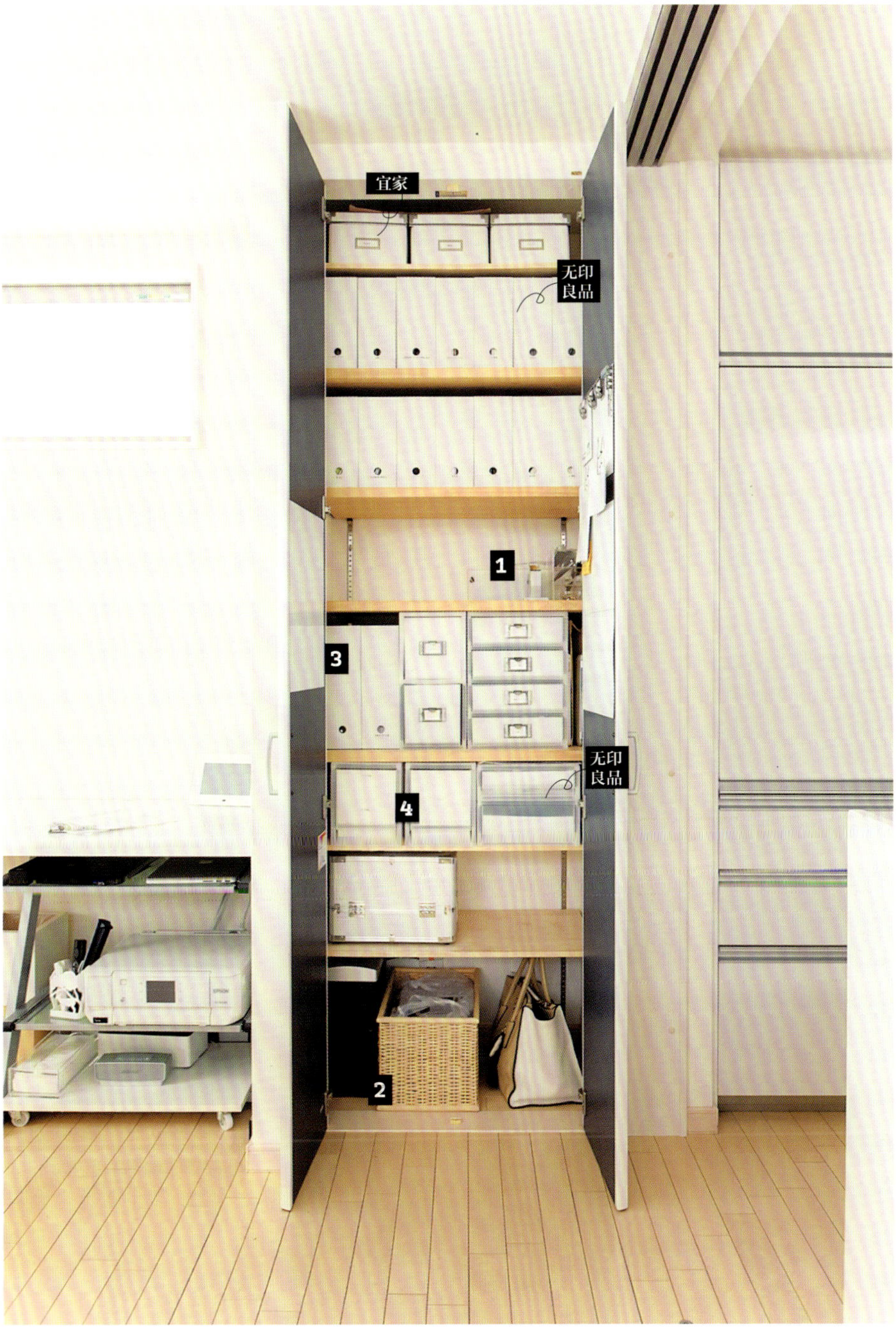

起居室的收纳，橱柜里上半部分是存放小西女士的工作资料的地方，下半部分是存放家人物品的地方。

只要抽出来，所有物品都在里面

1.家人最常用的物品固定放在吧台下面。2.写贺礼信封、红包袋时，肯定会用到笔。归在一起收纳，急用的时候就不会慌慌张张找东西。3.创可贴从箱子里拿出来放到抽屉里，这样就可以清楚地知道库存还剩多少，取用也方便。管状药膏上写清用途，便于使用。4.剪刀根据用途分类。发快递打包等，肯定会需要剪胶带，所以要准备一把专用的剪刀。5.快递用的纸袋和运单集中放在有提手的盒子里。

1

2

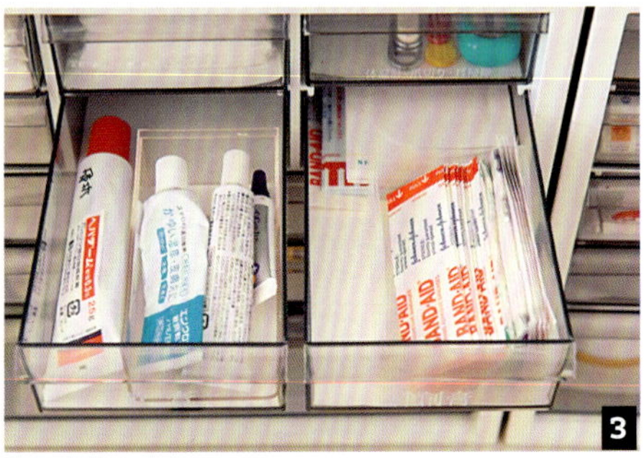

3

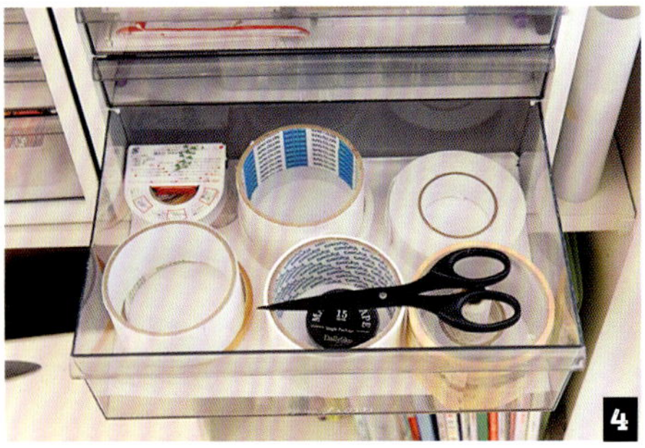

4

5

一步到位，设定与下个行动间的位置关系

6. 厨房收纳的要点是将各种工具分为“火组”（平底锅、调料等）和“水组”（餐具、调理器具）。“原则就是物品必须放在使用它的位置。”7. 清理灶台周围使用的清洁剂、清洁薄膜，收在灶台下的抽屉里。这样每天打扫起来就很轻松。8. 垃圾袋放在垃圾箱后面备用。9. 电饭锅的下面是米缸。“盛米→淘米→焖饭”的动作可以依次完成。

小西女士的组合收纳中的工具

锅准备好后搬上餐桌

将天然气炉子和叉勺等餐具一起拿到桌上

把锅和盖子一起取出来

很重的锅准备起来也轻松

使用这个方法的话，只要 3 个步骤就可以准备完毕。“今天很冷，我们吃涮锅吧。”有了这个念头，从回到家开始 30 分钟内就可以准备妥当。

天然气炉子和餐具收纳在一起

“很多人将砂锅与炉子收纳在吊柜的高处，这是不对的，应该尽量放在离餐桌近的、低的位置，这样才方便取放。”相关的餐具也收纳在一起。

盖子翻过来放置很节省空间

三口之家与一条狗生活在 1LDK 中

集约型收纳，既节省空间又节省时间

Saitokii 女士

（现居住于东京都 /44 岁）

对都市中心小空间生活提供帮助的生活管理师。与丈夫、3 岁的儿子、一条狗生活在一起。著作有《狭小空间整洁生活的 61 个诀窍》（宝岛社）。

将“空间狭窄”转换为“四通八达”的思维

Saitokii 女士三口之家和一条狗住在 1LDK 的公寓里，还将房间中约 5㎡的面积分出来当作书房。

“面积不算大，但是移动距离短、整理起来快，是空间狭窄的优点。”

例如，餐厅中的大型架子里集中收纳了家人在起居室和餐厅里常用的日常物品。

“东西全部在这里，也不用花时间去找，使用时、整理时都从这个架子里取出来再放回去就可以了。3 岁的儿子都可以自己收拾。”

工作相关物品放在卧室的架子上，生活用品等储存在玄关旁的架子里，物品收纳都要集中在中枢位置，这样在减少找东西的时间的同时，还可以节约收纳空间。尽管房间小，但是完全可以保证孩子和狗跑来跑去的空间。

便于整理的结构 1

在起居室和餐厅使用的物品全部从这里取放

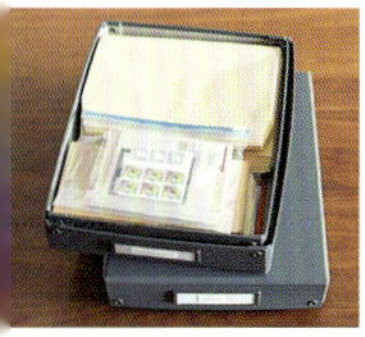

1 根据“使用情景”分类，可以立即使用

（左）邮票与信封、信纸放在同一个盒子里。

（右）叠放在一起的圆盒子，大的里面装的是蜡烛与打火机的充气瓶，小的里面装的是招待客人用的杯垫与餐布。为了便于打扫，掸子也一起收纳在柜子里。

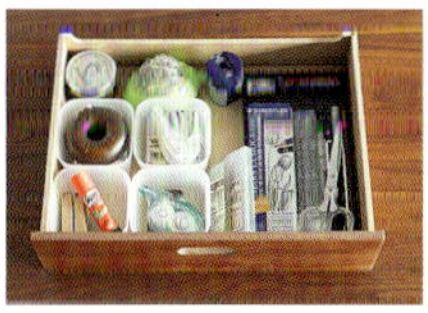

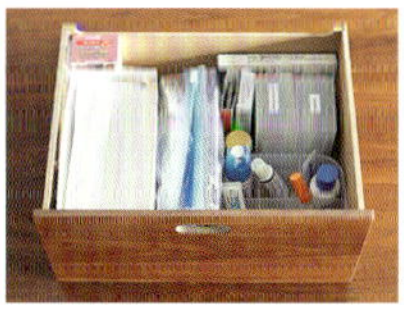

2 对物品进行用途分类，避免“找东西”

（左）文具等零散物品放进盒子，收纳在固定位置。“取用的时候固定位置会空出来，所以不会忘记应该放回何处。”

（右）药瓶等零碎物品使用无印良品的 PP 化妆盒，立起来收纳，便于取放。

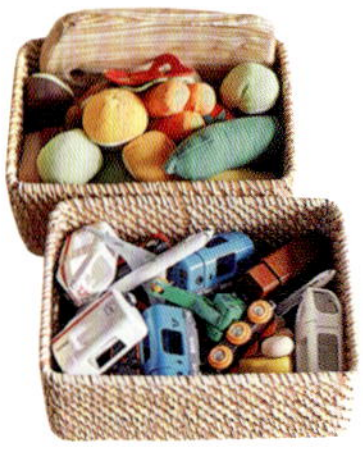

3 创造一个可以让孩子自己收拾的环境

（左）对于孩子来说，高处的位置应该收纳小巧轻便的物品，便于取放。

（右）不拘泥于玩具的种类，而是从材质、颜色等“孩子的立场”出发进行分类。“比起教育他，大人更应该观察孩子的整理方法。”

4 不要塞得太满，留出空余，才能迅速取放

（左）塑料轨道、塑料玩具零件等一起使用的玩具并排放在一起，孩子整理的时候就不会迷惑。考虑到以后玩具还会增加，应选用大号的篮子。

（右）为了方便取放，绘本的收纳占用八成空间，并使用书立防止倒塌。

开放的空间看起来比实际面积更大

物品都集中收纳在餐厅的架子里，起居室的收纳使用了比较低矮的AV板。视线可以穿越到窗外，房间看上去比实际面积宽阔很多。

便于整理的结构 2

划分收纳的范围，减少压力

卧室，对于在家办公的 Saitokii 女士来说是办公场所，同时也是丈夫的书房。物品不是按照用途进行收纳，而是按照所有者进行收纳，各人按自己的方式进行管理，减少了很多压力。

“只有大人使用的物品”集中在卧室里
家具兼顾收纳，集中放置物品

1. 在紧凑的卧室中，柜子兼作梳妆台。2. 柜子上层中央最方便取放的位置，用来收纳化妆品。指甲油的瓶子倒着放，需要的时候马上能找到要用的颜色。梳妆完毕，将镜子收回抽屉，可以保持整洁。3. 首饰要摆放得一目了然，才能减少寻找的时间。

便于整理

的结构 3

储存的日用品统一放在玄关的架子里

从收到快递到收纳，一条龙

4. 购买日用品基本通过邮购，为了提高从收到快递到收纳这一过程的效率，日用品都集中收纳在玄关。5. 由于打包也在玄关进行，胶带、运单等也放在这里。6. 为了让丈夫知道里面放的是什么，收纳要用透明的盒子，要贴上标签。7. 印章也在这个架子里，收货时很方便。

Start

1

一步都不浪费

烹饪路线与收纳地点无缝衔接

配合操作流程，可以不加思考地行动。烹饪中的移动距离，会对烹饪时长产生影响。从取出食材到饭菜上桌，配合这些流程设定物品的收纳，实现“一步都不浪费”。

2

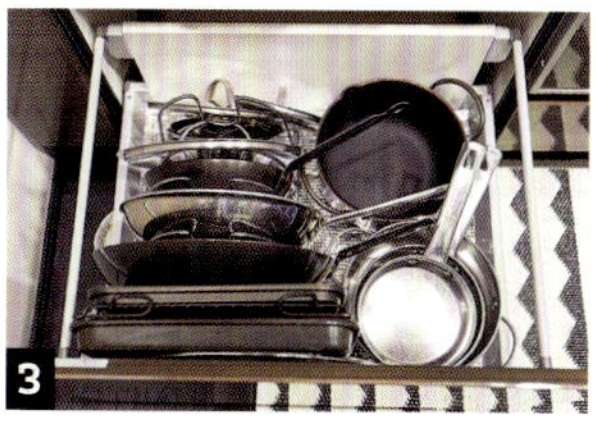
3

4

1 进入厨房，准备烹饪

2 在水槽使用的网架、大盘放在水槽下方

将从右手边的冰箱中取出的食材与从水槽下方取出的网架、大盘一起拿到烹饪台。

3 从灶台下方取出平底锅

平底锅和煮锅等叠放在灶台下面，单手就可取出，经过最短的距离就可以放在火上。

4 厨房用具放在最上层的抽屉里

木铲、大勺等使用频率高的工具，收纳在背后最上面的抽屉里，在灶台前不用挪动、回身就可以取到。

5 灶台旁的吊柜里放常用的调料

离灶台最近的吊柜里集中收纳油、常用调料。放在旋转式托盘中便于取放。

6 回身在吧台完成饭菜上桌准备

做完饭菜后，回身就可以盛出来。筷子等都在抽屉中，准备起来很方便。

7 没有露在外面的物品，整理起来很轻松

之前立着收纳在吧台的工具，现在全部收进抽屉，有效缩短了打扫时间。

8 收拾起来一步到位，清洗餐具也在手的活动范围内

身材较高的 Saitokii 女士灵活运用吊柜来收纳餐具。洗碗机洗完的碗，也可以一步不用挪动就放回吊柜中。

5

6

7

8

Finish!

收纳达人
NO.5

原则就是起居室不放个人物品。玩具只在玩儿的时候从孩子的房间拿过来，玩儿完后马上收起来。3岁的小妹妹受哥哥们的影响，也能很好地遵守规定。

家人一起探索如何更“舒适”

使用无压力的收纳方法
家人自然帮忙一起整理

金内朋子女士

（现居住于千叶县/42岁）

丈夫、长子（12岁）、次子（10岁）、小儿子（6岁）、女儿（3岁），六口之家。整理收纳咨询师。著作有《让乱放东西的人愿意整理房间的方法》（WANI BOOKS）。

收纳方法和收纳地点不强加给家人

“收拾整理的目的，不是让房间看起来整洁，而是让家人过得愉快。”家中有4个孩子，还能一直保持整洁、舒适的原因是家人自觉地整理。诀窍是不将收纳方法、地点强加给他们，而是考虑如何整理更便捷，自己能不能很好地管理自己的物品，一边做各种尝试一边和家人一起努力。“随着生活不便、家人不满这些小压力的减少，该做的事情自然就完成了，心情、行动都很顺畅。”

便于整理的结构 1

尽量减少“物归原处”带来的压力

只占用八成空间进行收纳，不要塞满是原则

柜子用来收纳书和去图书馆用的包。将包卷起来放在透明的盒子里。

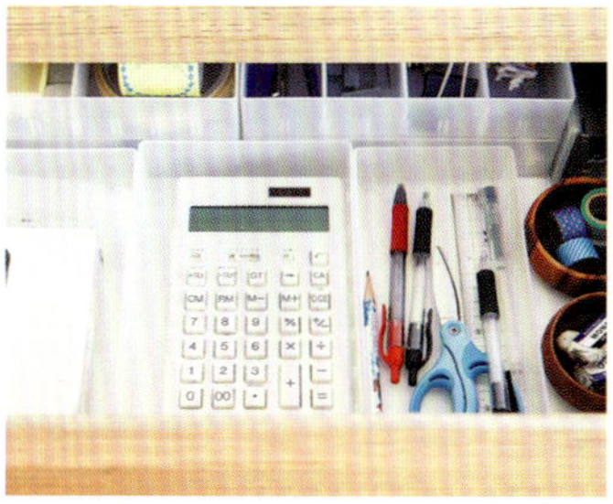

一目了然，便于物归原处

抽屉里根据收纳的物品进行分类，整理得方便查看。油性笔放在下层，避免孩子拿出来乱画。

便于整理的结构 2

“美观”与“便捷”并存

仔细分类，实现“可视化”

在比较浅的抽屉中用无印良品的 PP 整理盒并排收纳袜子。孩子从花色上一眼就可以找到自己要的袜子。

大致分类后放进袋子

手工材料等零碎物品都装进宜家的保存袋里，并进行大致分类。因为可以看见里面的物品，所以没必要做细致分类和贴标签。

先让孩子养成“挂起来”的习惯

只要设个挂钩，3 岁的孩子也能做到。收纳的门槛要根据年龄、发育情况而定，让孩子从小事开始慢慢养成习惯。

便于整理的结构 3

彩色的玩具收纳可以增添乐趣

用不同颜色来给玩具编组

无印良品的纸浆盒配上结实的、容易搬运的TUBTRUGS的小桶，放进玩具收纳架。玩具根据小桶的颜色贴上索引进行分类。收纳小物品的宜家的圆形盒子可以压扁，是非常优秀的商品。

宜家

便于整理的结构 4

让孩子来决定是否留下作品

培养孩子“自己选择的能力”

舍不得扔掉的物品放进盒子，让孩子们自己决定是否要留下，培养他们自己选择的能力。宜家的 SKUBB 收纳盒居然可以收纳兄妹四人 12 年的物品，令人惊讶！

孩子自己决定如何装饰

孩子房间的一角设置了宜家的横杆和墙壁柜，用于展示孩子们的作品。孩子自己展示自己喜欢的作品，绘画作品用挂裙子的衣架夹起来。

宜家

最大限度地灵活运用 **无印良品、宜家**

整理房间变得轻松舒适

房间 Before → After

专业收纳人士利用无印良品、宜家的商品，对读者们“总是不够整洁”的房间进行大改造！

教授大家在忙碌、有孩子的情况下依然可以保持房间整洁的秘诀！

{CASE 1}

明明很注意整理，为什么却很快又乱成一团

挑战者

马上宽子女士

与丈夫、2岁的儿子一起生活。目前在IT企业做临时工。自从生了孩子，家里的东西倍增。尽管会以自己的方式进行整理，但已经到极限。

传授经验者

吉川永里子女士

收纳顾问。她主张的以职业女性的视角整理收纳的方法广受好评。吉川永里子女士活跃在杂志、电视节目等各大媒体上，还出版过不少相关著作。

吉川：哎？起居室里的物品不如想象的多啊。

马上：我一直用自己的方法老老实实地在整理、打扫。但是每天早上都忙忙叨叨，越来越乱。

吉川：同样用途的物品如果散乱在各处，整理起来就很花时间。首先，同样用途的物品要集中在一个地方。

马上：另外，和孩子有关的物品越来越多，有永远收拾不完的感觉。

吉川：单靠你自己收拾是不可能的！必须让家人自己着手整理。

马上：家人如果也能帮忙那就太好了。厨房里东西太多，每天都转不开身。但是总觉得没准哪天就用上了，舍不得扔……

吉川：行动不便、使用不便，每天带着这种压力做家务，是对精力和时间的浪费。不要想什么时候能用上，重要的是现在过得舒适！收纳要以“现在”为中心来考虑。

乱糟糟，无法放松身心（起居室篇）

夫妻各自带来的家具风格各异，完全没有统一感。厚重感的家具偏多，房间里给人一种压迫感。再加上孩子的用品、玩具扔得地上到处都是，给人特别混乱的印象。

STEP 01

设置孩子的专用角，培养他自己收拾的习惯

玩具、绘本扔在地板上

在书架旁边设置一个玩具专用架。“从小培养孩子用完玩具就放回原处的习惯，非常重要。”（吉川女士）对家具的颜色进行调整，有了统一感。

我的玩具在哪儿呢?

STEP 02

利用墙面进行展示，既有乐趣，又防止在架子上乱放

孩子的作品、照片越来越多

一方面便于清扫，另一方面视线上移，还有扩展屋内空间的效果。根据季节变换替换展示内容，届时决定哪些保留、哪些扔掉。

STEP 03

给每个人设置一个收纳空间，各自管理、收拾

架子上堆了大量的书、DVD 和小摆设

给家中每个人设置一个架子，收纳书和 DVD。关上门可以达到隐藏的效果，里面的整理交给各人负责。再追加一个原则，物品的量不能超出架子的储存能力。

STEP 04

用有盖的盒子进行收纳

游戏机、电线乱成一团

这是丈夫的领域，交给他处理。但是，不用的时候必须把盖子盖好。用黑色的盒子，不容易引起孩子的注意，可以防止孩子乱动。

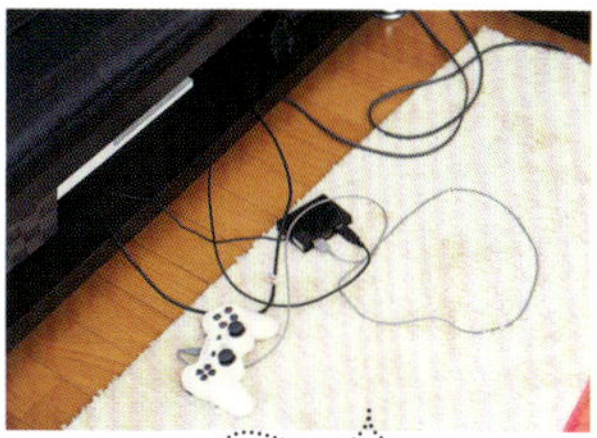

容易绊倒，危险

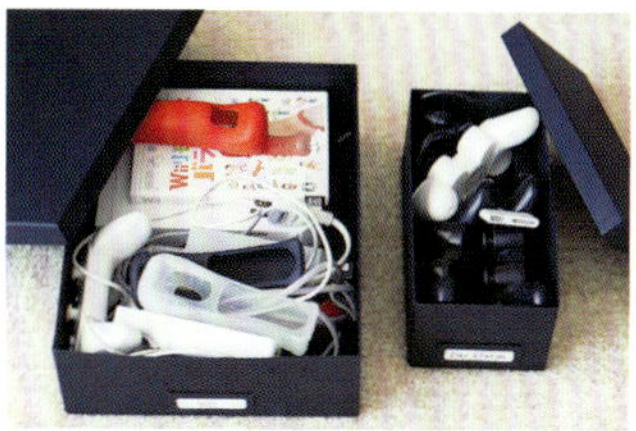

宜家：TJENA 带盖盒

STEP 05

要将物品集中在一个地方，看一眼就能知道什么东西在什么位置

孩子的生活用品到处都是

将白木的柜子移到吧台下方，和塑料架子并排摆放，形成收纳角。常用的物品放在便于取放的塑料架上，其他日用品放在木柜里，显得整齐。

为了让家人都能明白物品的收纳位置，要贴上标签哦！

After

无印良品：聚丙烯收纳架、聚丙烯收纳盒

药品收在抽屉里。为了让孩子自己也可以拿到，架子下层放纸尿裤和内裤，要配合日常行动的路线来设计。

After

家人也帮忙整理，房间可以一直保持整洁，心情变得轻松愉快。

东西太多导致行动不便，物品拿不出来

（厨房篇）

尽管有充裕的收纳空间，但是被烹饪家电、大量的餐具所占据，放不进去的调料和锅，只能暴露在外面。灶台下放在外面的物品特别碍事，柜门都打不开……

STEP 01

不要想着“没准什么时候有用”！

不要的东西居然和正在使用的一样多。“不需要的物品占用的空间也是要付房租的，不觉得非常浪费吗？”（吉川女士）

不要的东西就扔掉，确保留有收纳空间

赠送的餐具、老旧的烹饪器具沉睡在柜子深处……把它们全部拿出来，先按照“正在使用”“现在用不上”进行分类。1年之内没用过的就是“不需要的”东西，可以果断处理掉。

不要的东西

使用的东西

STEP 02

这样摆放看着美观，用着顺手

宜家：宜家 365+IHARDIG 调料瓶

根据种类分别放进盒子，取用方便

宜家：SAMLA 盒子

聚丙烯化妆盒

堆得到处都是的烹饪器具、餐具，觉得随时会掉下来……

常用的保存容器和茶具，放在有提手的盒子里，收进吊柜的下层。奶瓶等婴儿用品，现在的使用频率低，所以放到吊柜上层。

STEP 03

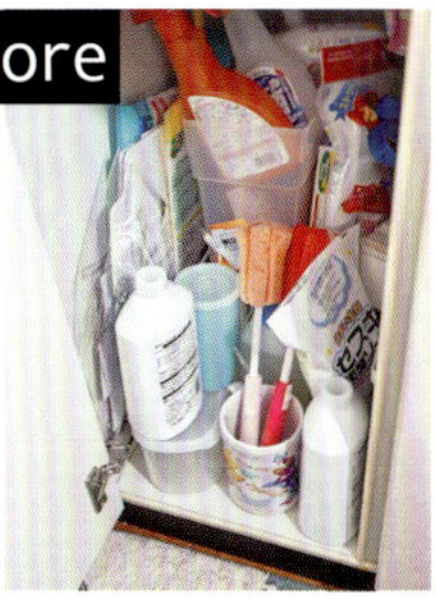

锅占据了灶台

各种锅占据了灶台的位置。塞得满满的，里面的东西拿不出来。整理之后，水槽下面放清洁剂，灶台下面是调味品和锅，都放在离使用位置最近的地方。

严格筛选需要的物品，根据行动路线设定收纳位置

不仅要立着摆放，挂起来的话能收纳 2 倍的物品

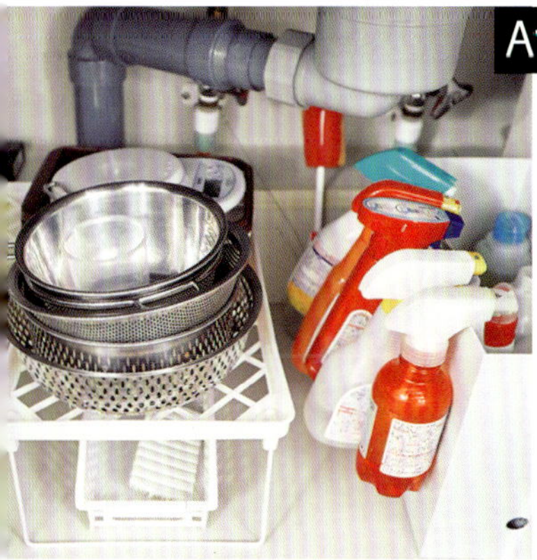

锅盖立在最前面

无印良品：聚丙烯文件盒

STEP 04

餐具根据种类、使用频率分放在4个区域

盛饭的时候到处找餐具

平时常用的餐具放在最容易取用的中层。上层放杯子，下层是大盘子。调整挡板，柜子里使用亚克力的分隔架，防止物品过度堆积和浪费空间。

摞起来摆放，收纳能力提高

透明、无压迫感，可以看见柜子深处的情况。“很结实，餐具摞在上面也不用担心。”（吉川女士）

无印良品：亚克力分隔架

尺寸正好用来收纳叉勺等餐具。“用来在抽屉里进行分隔很方便。四角是圆形的，便于打扫和清理。”（吉川女士）

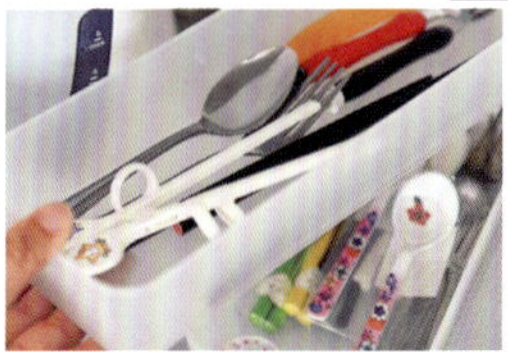

无印良品：聚丙烯整理盒

STEP 05

都扔进大箱子，看起来才整洁

架子上摆满了提包

保温包、便当包等放进盒子里。收纳简单，取用方便。装点心的小包也可以放进去。

宜家：TROFAST 盒子

盖子是透明的，可以看到里面

宜家：TILLSLUTA 干燥食品专用容器，有盖

STEP 06

根据种类的不同进行分类，放进储藏柜。要经常确认哪种食品还剩多少

大量储存的食品塞满各种缝隙

到处塞的食品，要根据干货、速食品、香辛料等分类，分别放进容器里保存。“要控制数量，不能超出这里的储存能力。”绝不积存多余的物品。

什么物品在哪里、有多少，
一目了然。
多余的采购、多余的行动都
有所减少。
烹饪过程变得顺畅起来。

{CASE 2}

找什么东西都很费劲，忙碌的早上行动起来总是不顺畅

挑战者

佐藤 miyu 女士

36 岁。与丈夫、长女、3 岁的儿子和新生小女儿生活在一起。“4 月准备重新上班，现在希望能改善家里的收纳情况！”

传授经验者

吉川永里子女士

收纳顾问。她主张的以职业女性的视角整理收纳的方法广受好评。吉川永里子女士活跃在杂志、电视节目等各大媒体上，还出版过不少相关著作。

无法对家中 5 人的物品集中管理

（起居室篇）

现在还没有孩子的房间，所以起居室就成了孩子们玩具的聚集地。再加上夫妻二人工作相关的书籍，房间里更乱了，完全无法掌握什么物品在什么位置。

“收纳”不是“堆积”！首先要对物品“分类”，判断是否确实需要

吉川：猛地一看，感觉是收拾整理过的，但是架子里面塞得满满当当。这些全部都是“需要”的吗？还是属于“先放着再说吧”的东西？

佐藤：但是，这么存着就不会担心有“万一”的时候，没准什么时候就能用上……

吉川：“先放着再说”可以得到瞬间的安心，却是一生的浪费！整理前先明确将物品分为“要使用的”和“保存的”，就不会出现“保管垃圾”这种徒劳的事情。

佐藤：现在每天都要翻箱倒柜，恢复上班后，希望家人能帮我一起整理……

吉川：只要面向 3 岁的孩子设定收拾整理的标准，就没有问题！让每个人都可以清楚地知道物品如何收纳。

STEP 01

通过分类和立即处理，避免过度堆积

找不到资料和文具

有了孩子以后，来自自治团体和幼儿园的各种资料猛增。马上确认内容，按照“必要”“保存”“可以扔掉”进行分类。彻底执行“用完就扔”，过程就会很顺畅。“集中在一个地方保管，免去找东西的麻烦。”（吉川女士）

喜欢乱塞物品人士的乱塞收纳法大展示

1. “先扔进盒子里再说”，结果就和垃圾箱一样……
2. 到底收纳了什么物品，看也看不明白的抽屉有一大堆。
3. 所有缝隙中都塞着资料，取放时很麻烦！

先全部拿出来，按照“必要”“不要”“保管”“扔掉”进行分类

必要

· 支付发票、提交资料
· 保证书、保险单

有用的物品、不可替代的物品，都要保存最新版本。

不要

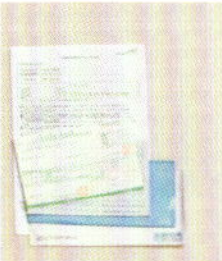

· 发票、明细表
· 幼儿园的通知等

确认日期、保存期限等，如果没有保留的必要就扔掉。

保管

· 孩子的作品等
· 照片、相册

按照自己的标准决定保管期限和数量。不用考虑取放是否方便。

扔掉

· 使用说明书
· 地区信息、会刊等

可以用网上的信息代替，没必要保存纸质资料。

资料采用标准的办公室收纳

要使用尺寸刚好匹配的盒子来收纳资料。先细致分类，根据用途、所有者进行整理，然后以大、中、小的顺序收纳，再贴上标签。

小：Seria clear文件盒

中：无印良品 挂式再生纸文件夹

大：无印良品 聚丙烯文件盒

左图：最里面没法坐人的座位也变得舒适了。佐藤女士说：“桌子上没有东西，心情才好！”右上图：不想让孩子们碰的药品放在架子最高层的抽屉里。

无印良品：抽屉式聚丙烯盒子

无印良品：叠放式架子

通过使用无印良品的架子，家具的风格得到统一，变得整洁。餐厅的空间也变得宽敞、舒适，让人感到很满足！

容量不足的家具凹凸不平，行动不便，也不容易找东西……

零散买回来的容量不足的架子，既碍事又不方便打扫，给房间里混乱状况火上浇油。桌上一半的空间都散乱着小物品、资料，东西永远找不到。

需要整理编汇的文件马上就能找到

资料要在寄来的当日就确认、分类，然后放到指定位置。“信件一定要从信封中拿出来，只留下必要的部分。”（吉川女士）下层保管照片、相册。

瞬间就可以找到，
真高兴

不用在狭小的空间里找来找去，将文件盒拿到桌上，马上就能取出所需资料。大幅度减少时间和压力！

配合孩子的视线和大人的视线设置收纳，整理也变得轻松

大致分类，只把要用的玩具取出来玩儿。
为了让孩子容易拿到，将玩具、绘本放在较低的位置。零碎的物品，根据材质、所有者大致分类，就不用每次都全部倒出来。

将杂乱的玩具储藏并摆放整齐后，屋子的整洁度得到提升。为了便于孩子整理，收纳的基本原则是“扔进去就可以”，外面要贴好标签。

STEP 02

确定各自的空间，减少无谓的囤积

收纳大量的洗涤衣物很麻烦

家人所有的衣服都收纳在一个房间里，每个人不知道自己的衣物有多少，收纳位置混在一起，找不到东西。应该把大人的衣物都转移到主卧，衣服收纳房间只留孩子的衣服。“基本衣物的数量，要以衣橱的收纳能力为标准进行控制。”（吉川女士）再进一步，根据所有者分类，明确各自的收纳位置，收纳、找东西都方便。

如此整洁

减少衣物的要点

首先将 1 个人的衣物全部铺开，把握整体的数量，超过 1 年没有穿过的衣服是主要对象。
判断“要不要”“穿不穿”，孩子的衣服禁止买来囤放！
需要穿的时候够穿就可以！

衣物收纳房间为孩子专用，大人的衣物放在主卧

将之前乱糟糟混在衣物盒和柜子里的家人的衣服进行分类，大人的衣物放进主卧的衣橱。专门买来的衣物柜反而空了。

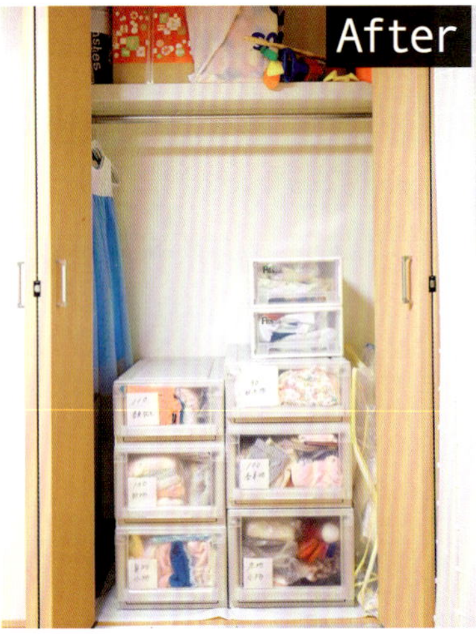

衣物收纳房间的衣橱专门用来保管长辈给的旧衣服等

以前，大人的衣服、孩子的衣服、现在穿的衣服、需要保存的和不要的衣服全都塞在一起。现在，将正在穿的衣物拿出衣橱，只留下长辈给的旧衣服、非当季的衣服。

叠衣服的诀窍

收进衣物盒的时候，为了方便取放，要把衣物立起来放。按照抽屉的尺寸来叠衣服，收纳就会很轻松。

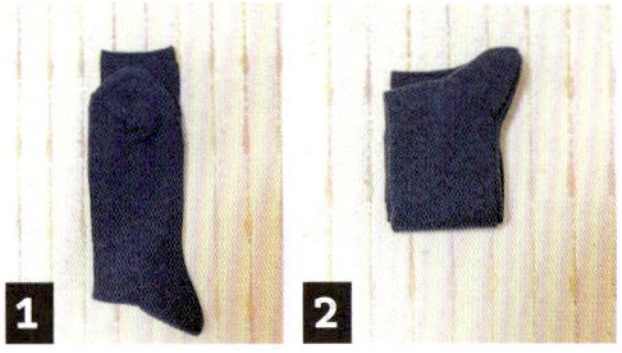

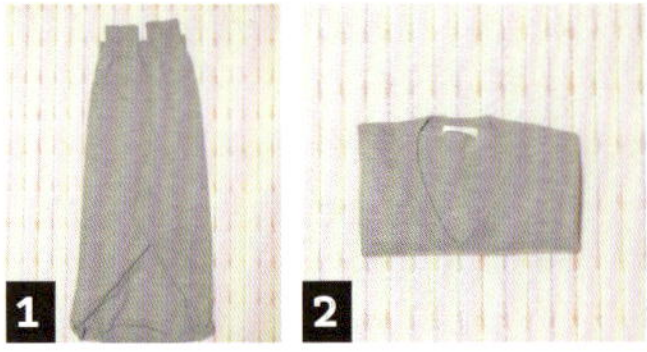

袜子

1. 袜子不要团起来，要先叠二折。2. 和衣服一样，要根据收纳盒的高度决定如何折叠。将背脊部分朝上放在盒子里，从上面看下来一目了然。

衣服

1. 结合衣物盒的尺寸，两只袖子向中间折。2. 叠二折或三折都可以。这个取决于收纳盒的高度。

STEP 03

以"一目了然"的原则来面对“那个东西在哪儿”的攻击

希望家人能自己拿他们需要的物品……

什么物品在什么位置，谁都能一下子明白，这样负担就会减轻。根据使用者的不同，分隔区域，在抽屉外面写明里面收纳了哪些物品。

固定位置

常用的物品、零碎的物品，要确定固定的摆放位置。

手表、钥匙等，回到家就容易乱扔的物品要有指定位置。只要确定了位置，随意扔进去也无所谓。

标签

为了能够迅速取出所需物品，要在外面写明里面收纳了哪些物品。使用收纳盒、收纳箱进行分隔来提高收纳空间的利用率。“用标签写明里面收纳了哪些物品，找东西时就可节省时间！”（吉川女士）

分隔区域

根据生活轨迹、使用者的不同，划分出取放方便的区域

每个孩子专用一列。“根据他们的身高来设置，让他们自己也能取出衣服。”（吉川女士）

房间里到处是衣物盒

衣物盒和衣架分散在各处，房间狭小不堪。“明明有这么多衣服，为什么平时总穿同样的衣服呢？”

左图：经常去游泳
泳衣和提包要放在
起。准备工作交给
自己做。下图：进一
将衣物盒进行分隔，
理内衣、袜子。梦
过度囤积。

每个孩子用一种颜色的衣架

为了让小孩子也能轻松整理，给他们各自确定一种颜色，可以运用到衣架上。“整理起来很简单，可以当作收拾整理的练习。”（吉川女士）

同时使用的物品分组放置

“孩子的衣物收纳，目标是一步到位！”（吉川女士）内衣、袜子、上衣、裤子等，预先在抽屉中进行分组配套，使用的时候可以将准备工作减少到最低限度。

大量的穿不过来的衣服，只保留必要的数量。衣物收纳房间里保留的是3个孩子现在正穿的衣服，就这么点儿！房间突然就变宽敞了，3个人一起在里面换衣服都很顺利。

每个人有各自的收纳位置，取放简便

宽敞的收纳空间里为什么空空荡荡

卧中特意做的衣橱里居然基本上是空

平时也不怎么打开。

夫妻的衣物大搬家。右侧是妻子的，左侧是丈夫的，持有量不能超出收纳能力。佐藤女士反省：“以前我的衣服太多了。”

用衣架挂起来方便取用

用衣架挂起来的话，就算搭配时多次取放，也很方便。晾干了就直接挂进去，节省了叠衣服的时间，忙碌的早上也不需要熨衣服了。

平时要用的购物袋集中放在一起。既节省空间又方便找东西。

小物品分类放在指定位置备用

手套、皮带等小物品分类放置。摆在视线容易到达的位置，这样丈夫就可以自己找到。用篮子来收纳，看起来会比较整洁。

{CASE 3}

38m²的 1LDK 放不了大的家具，资料、玩具散乱在地板和桌子上

挑战者

大村沙枝子女士

住在东京都，34 岁。和 28 岁的丈夫、1 岁的儿子，3 人生活在一起。曾经派驻海外，现在住在东京都内 1LDK 的租赁公寓里。作为保险公司的外派社员，每周工作 5 天。

传授经验者

大桥 waka 女士

收纳和室内装修咨询师。以收纳整理为基础，提出室内装修的建议。著作有《净化我家》（大和出版）。

最大限度灵活运用壁橱，将无谓的动作减少到最低限度

大桥：起居室里到处都是东西。

大村：日用品、资料等都尽量放进厨房旁边的柜子里了。但是一趟一趟地放回去特别麻烦，一不注意就随手放在身边了……

大桥：使用地点和收纳地点离得远是导致这种问题的一个原因。频繁使用的物品要放在取放方便的位置，设计收纳的时候要考虑行动路线。

大村：壁橱太深了，用起来不方便。里面放了一个架子，但是用起来很不习惯，最后变成了随意摆放，"地层"越来越厚……

大桥：这种大空间的壁橱的中层，不应该用上下结构进行收纳，而应该区分前后位置，还要考虑方便移动的摆放结构。

STEP 01

将桌子和壁橱里的资料分为 1 组和 2 组

资料容易"先放着吧"

幼儿园的通知、取暖费明细、工作相关的资料等，不仅数量多，还经常容易被顺手扔在旁边。"越积越多，反而就懒得收拾了，要根据重要程度准备不同的盒子，收到这些资料后马上将它们分成 1 组、2 组。"（大桥女士）

1. 扔进架子里的物品，经常因为忙碌，整理到一半就放弃了，资料、提兜等随手一放。2. 不知道放在哪里合适，随便摆放的缝纫机上堆满了资料。化妆品也拿不出来。

3. 上层的前面放一个收纳篮，后面放当季使用的家电等物品。中层设置一根横杆，用来挂平时使用的提包。4. 使用塑料筐和文件盒来收纳资料、小物品。最前面的一列，是重要程度高、频繁使用的物品。5. 前排的书放进盒子里，不仅移动方便，还便于取放后排的书。6. 下层的深处收纳缝纫机、纸袋、防灾箱。使用有盖子的箱子进行收纳，取用方便。

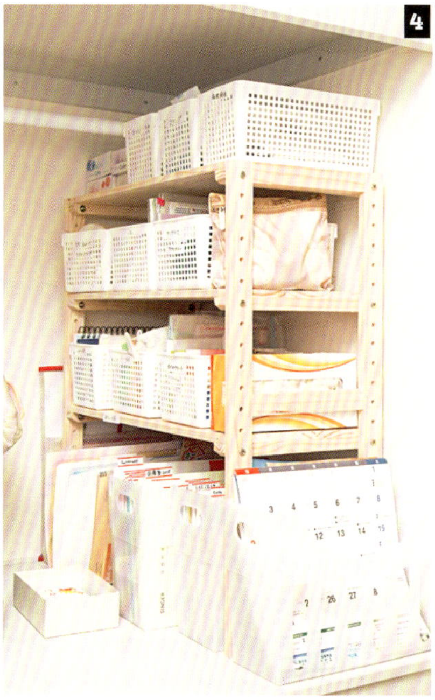

7. 每天使用的化妆品、孩子的药品以及第 1 组的资料放在桌子上。8. 不光是外观，更要重视取放的便捷程度，无印良品的抽屉式收纳盒要横过来摆放。

墙面留余白用来装饰，提升时尚感

在墙上的毛毯上贴照片、挂球形灯等，可以解决散乱的问题，还能营造装饰感。视线上移，能感觉到房间变得宽敞了。

STEP 02

使用板子来遮挡厨房吧台的凌乱

厨房的吧台上乱七八糟

厨房整个暴露在视线内，吧台上全是小物品。“利用有孔的板子，手工制作挡板，营造一个既时尚又可爱的空间！”（大桥女士）

除了体温计、小点心，还有各种挂在厨房的小物品都暴露在外面。“来客人的时候特别不好意思……”（大村女士）

挡板的制作方法

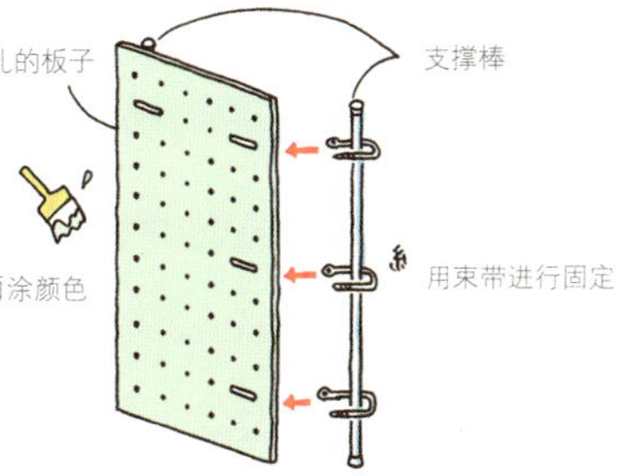

沉稳的绿色给室内装修增加了亮点。板子利用支撑棒进行设置，在租借的公寓中使用也很合适。如果增加挂钩，两面都可以挂物品，便于收纳容易散乱的小物品。

STEP
03

追加收纳架，可以提升玩具收纳空间的收纳能力

玩具收纳角超负荷

就算想收拾，没有收纳空间也无能为力。如果玩具的种类特别多，且尺寸不一，“就选择一个适合孩子身高的收纳架”。（大桥女士）

放不进架子的绘本、玩具都堆在地板上。“一旦找不到玩具，孩子就会把箱子里的玩具全倒出来，收拾起来特别麻烦……”（大村女士）

再增加一个用于收纳的宜家的电视架。上层放布偶、绘本，中层放迷你车等小物品，下层放几个箱子，把玩具大致分类后放进去。“如果满了，就必须重新筛选。”（大桥女士）

摆放在那里就像一幅画

使家居提升一个档次的室内用品、家具

除了收纳用品，无印良品、宜家、Seria，还有很多时尚摆件！

只要入手就能提升档次，一定要看哦。

CATEGORY 01

无印良品

简洁的款式适合所有装修风格，这也是其魅力所在。经过对用户体验进行彻底研究后开发出来的商品，即便长期使用也不会觉得厌倦，是无印良品获得高人气的秘诀。

在芳香中酣睡

睡眠中也可以安心使用
不需用火，通过超声波使香气扩散。有 2 档调节功能，还可以间接当作照明使用，最适合放在床边。超声波熏香机 /6900 日元

视觉上给人安逸感受的悬浮光球

简洁、柔和、美观的起居室照明。多用几个小型的 S 号灯球，看起来很可爱，还可以增加温暖的感觉。S 型号的电灯、透明灯罩、珐琅质白色电线 / 各 25000 日元

01

瞬间吸引目光的白色摆件

用的就是这个

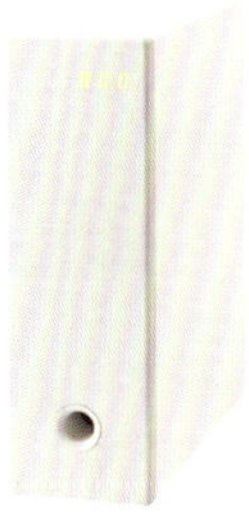

可以放在书架里的创意音箱

与无印良品的保留商品“文件盒”一模一样！放在书架上，被客人问到“这是音箱？！”的时候，谈话气氛会马上热烈起来。文件盒式蓝牙音箱 /13000 日元

用的就是这个

视觉上、听觉上都很令人放松的座钟

这款鸽子座钟使用了精致的手工制作的风箱。它与电子钟不同，音色自然、温润，整点报时，还可以调节色调的明暗。鸽子座钟：大挂钟、白色 /7500 日元

02

简洁又好用的家具

不会对墙面造成大损伤的家具

可以灵活利用墙面进行收纳、展示的高人气系列。可以安装在石膏板墙壁的任何地方，轻松进行墙壁装饰。安装在墙上的家具：箱子 /2500 日元、架子 2500 日元

经过计算的、在任何场景都适用的家具

高 60cm 的桌子，可作餐桌、工作台，最适合休闲放松。
可以和有着厚实靠背的椅子搭配使用。
起居室、餐厅都可用的桌子 /35000 日元
起居室、餐厅都可用的沙发椅 /25000 日元（椅套另售）
起居室、餐厅都可用的长凳 /25000 日元（椅套另售）

用的就是这个

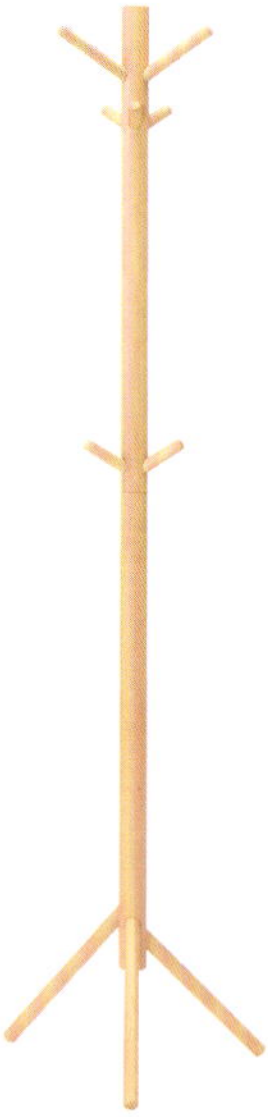

在孩子伸手能够到的地方设置挂钩

三条腿很平稳，可以放在狭窄的玄关角落。孩子可以自己将外套挂在中央。白栎材质衣架 /6300 日元

可以长期使用的款式简洁、别具风格的桌子

使用来自北美的结实的白栎，做工、款式简洁。原木材质，使用越久，风格越独特。原木桌：白栎、宽 140cm/5000 日元

CATEGORY 02

宜家

用色与设计独特，是北欧的著名品牌。物美价廉又时尚，赶快用在房间里试试！

01

令孩子们超级兴奋的儿童用品

可以在家中的秘密基地里玩耍

给孩子当作游戏空间、秘密基地。轻便好移动，不用的时候很容易折叠收纳。CIRKISTALT 儿童帐篷 /1999 日元

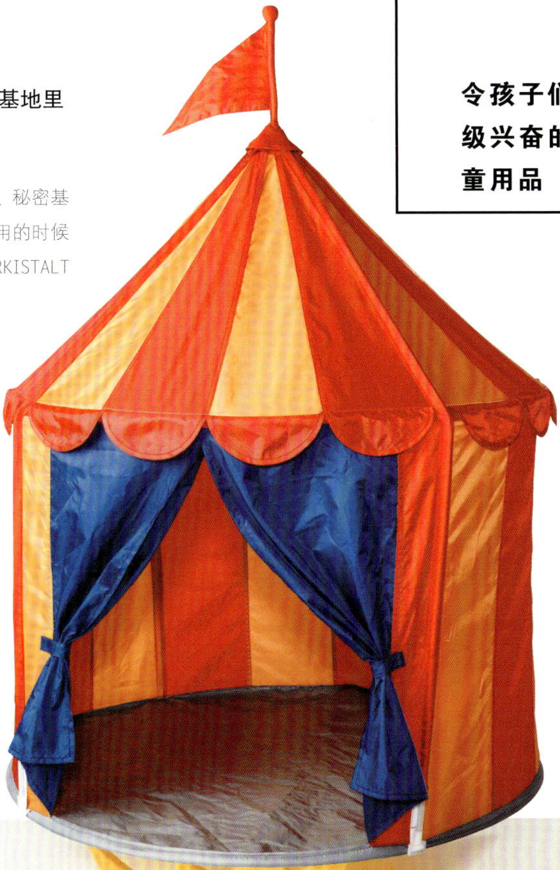

将遮光罩拉下来，安全感满满的特等席

胶囊形的旋转椅。遮光罩采用透光的轻薄材质，怕黑的孩子可以安心使用。坐在椅子上转圈，还可以培养孩子的平衡感。
宜家 PS LOMSK 旋转椅：橙色、浅橙 /12990 日元

一年 365 天无论什么天气，都可以在太阳下玩耍

此款设计，令人总想抬头看看天花板。即便是雨天，也感觉接受着阳光的照耀，在室内可以开心玩耍。
SMILA SOL 吊顶灯：黄色 /4999 日元

02

给室内装修增加亮点的床上用品

使钻进被窝变成乐趣的床上用品

床上用品可以左右卧室的风格。色彩柔和的枕套被罩与室内白色系的家具特别搭配。尼龙搭扣便于装卸。MALIN RUND 被罩和枕套 /1999 日元

让人买了还想买的靠垫

便宜可爱的靠垫，组合搭配使用很时尚。如果装修风格是北欧风或者甜美女孩儿风等风格，可以用纯白靠垫来搭配。HEDBLOMSTER 靠垫 /2499 日元；PIPORT 靠垫套：白色、绿色 /599 日元

03 独具魅力的照明

充满异国情调的台灯

充满异国情调的台灯会让人联想到天方夜谭里的世界。由于使用了彩色玻璃，打开灯后室内会充满淡淡的颜色。WARBY 台灯：粉色 /2499 日元

无论开着还是关着，都很有趣

蒲公英毛毛造型的设计，只是放在起居室里，时尚度就可提升五成。打开灯后，天花板、墙壁上会有美丽的投影。MASKROS 吊灯 /5999 日元

---

04 粘在墙上的小物品收纳

根据使用地点不同放不同的物品

盒子底部有磁铁，可以贴在冰箱上。如果用来放调味品，就可以将厨房营造出咖啡店的氛围。GRUNDTAL 小物品盒：不锈钢 ×3 个 /999 日元

可贴在自己喜欢的位置的挂钩

便于挂毛巾等小物品。不干胶可以贴在瓷砖、玻璃等平面上使用。

用的就是这个

04

可以马上放到中意的位置的迷你家具

展示自己喜爱的摆件的角落

钢制、底面有挂钩的挂壁式架子。既可以当作装饰空间，又可以用在走廊、卫生间，作为候补收纳空间。BRICKAN 墙架：白色 /3999 日元

自然风格的床头柜

自然的设计，利用了松木的天然纹路。架子深处有复古的花纹，敞开着也很美观。柜门安装在左右哪侧都可以。HURDAL 床头柜：绿色 /11990 日元

顶板可以当托盘使用的圆形架子

每层的颜色不同，紧凑且吸引目光。托盘有深有浅，可以配合不同的物品使用。宜家 PS 2014 桌子 /8999 日元

CATEGORY 03

Seria

有很多可爱的 100 日元的小物件。
埃菲尔铁塔、数字装饰等各种紧跟流行趋势的商品独具魅力。

01

自由组合的墙壁装饰摆件

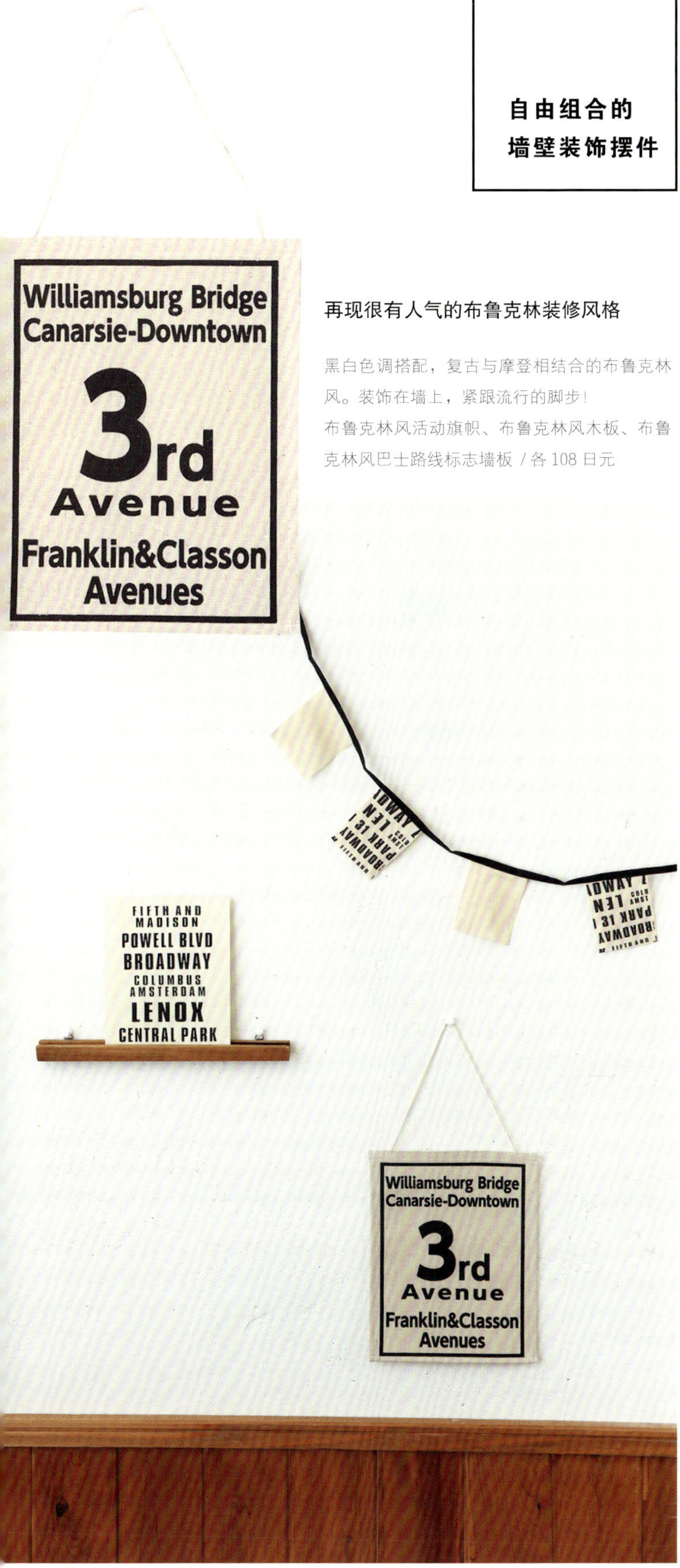

再现很有人气的布鲁克林装修风格

黑白色调搭配，复古与摩登相结合的布鲁克林风。装饰在墙上，紧跟流行的脚步！

布鲁克林风活动旗帜、布鲁克林风木板、布鲁克林风巴士路线标志墙板 / 各 108 日元

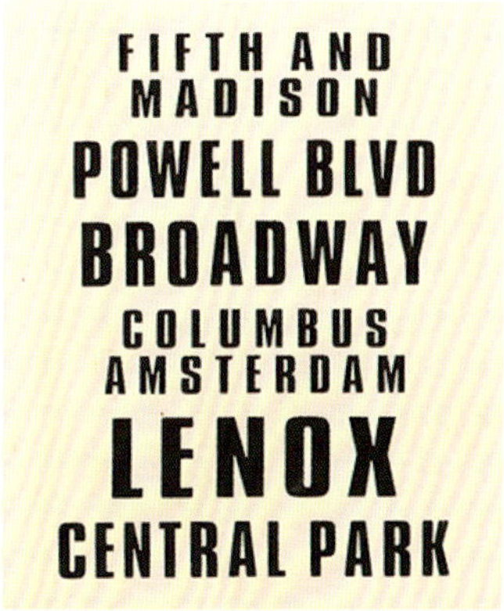

用的就是这个

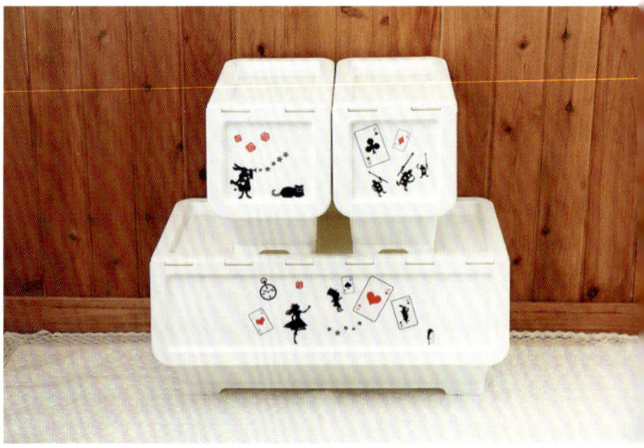

白墙变身为艺术空间

各种墙壁装饰贴纸，如“爱丽丝梦游仙境”主题的墙壁装饰贴纸，可以用于装饰孩子的房间，也可以贴在一些家具上。自然图案、爱丽丝图案墙壁装饰贴纸 / 各 108 日元

用的就是这个

适合装饰在孩子的房间

颜色鲜艳、可爱的装饰，点缀在孩子的房间里。利用墙角挂起来，可以增加立体感。

S 号蜂巢球 3 个一组、S 型号花朵图案装饰旗帜 / 各 108 日元

O2

可以收纳在明面上的古董摆设

感受模型世界的乐趣

金属风的迷你椅子，上面可以摆放花色贴纸、观赏植物等。
金属风迷你椅子、15mm×5m 规格蕾丝花色贴纸、15mm×5m 规格字母花色贴纸、7.5mm×3m 规格纯色贴纸、7.5mm×3m 规格条纹花色贴纸 / 各 108 日元

盒子上印着埃菲尔铁塔等欧洲街道的风景。尺寸适用于组合式彩色盒子。
有盖纸盒 1/4 尺寸、复古花色 /108 日元

旅行箱形状，令人想去旅行。
A5 的尺寸适合收纳文具和资料。
旅行箱型纸盒 /108 日元

仿造自然材质的文件盒

仿制成篮筐模样的文件盒，给容易煞风景的桌子周边增加了温暖的气氛。
A4 文件盒 /108 日元

猛地一看以为是旧书，其实是……

旧书风格的小盒子。电线等放在外面看起来很乱，可以收在里面。取用也很方便。
书形收纳盒（12.2cm×18cm×3.5cm）/108 日元

用的就是这个

03

给窗边增添色彩的法式小摆件

用的就是这个

与绿植自然融合

复古风的数字装饰与金属的埃菲尔铁塔。装饰在窗边，很吸引眼球。
埃菲尔铁塔、木质数字装饰 / 各 108 日元

将小摆件放进去，挂在喜欢的位置

小篮子带有挂钩，可以挂在窗沿和门框横木上，里面放上迷你绿植的话，会非常可爱！
古董吊挂式篮子 /108 日元

既是装饰又是花瓶

埃菲尔铁塔的造型，再插上一枝花。放在窗边，光线反射到玻璃上，美不胜收，有红色和蓝色可选。
埃菲尔铁塔形状的瓶子 /108 日元

图书在版编目（CIP）数据

从零开始学收纳 . 进阶篇 / 日本株式会社主妇与生活社编 ; 谢玥译 . — 北京 : 北京联合出版公司 , 2018.9

ISBN 978-7-5596-1885-6

Ⅰ . ①从… Ⅱ . ①日… ②谢… Ⅲ . ①家庭生活 – 基本知识 Ⅳ . ① TS976.3

中国版本图书馆 CIP 数据核字 (2018) 第 146404 号

北京市版权局著作权合同登记　图字：01–2018–4368

从零开始学收纳（进阶篇）

日本株式会社主妇与生活社 编

谢玥 译

责任编辑：郑晓斌　徐　樟

整体设计：门乃婷工作室

北京联合出版公司出版

（北京市西城区德外大街 83 号楼 9 层　100088）

北京彩和坊印刷有限公司印刷　新华书店经销

字数：100 千字　787 毫米 ×1092 毫米　1/16　印张：8.5

2018 年 9 月第 1 版　2018 年 9 月第 1 次印刷

ISBN：978-7-5596-1885-6

定价 :55.00 元

铁葫芦

铁肩担道义　葫芦藏好书